Kemper
Atemschutzgeräteträger

– 4. Auflage 2010 –

Fachwissen Feuerwehr

FACHWISSEN FEUERWEHR

Kemper

ATEMSCHUTZ-GERÄTETRÄGER

4. Auflage 2010

ecomed
SICHERHEIT

Bibliografische Informationen der Deutschen Nationalbibliothek

Die Deutsche Nationalbibliothek verzeichnet diese Publikation in der Deutschen Nationalbibliografie; detaillierte bibliografische Daten sind im Internet über <http://dnb.d-nb.de> abrufbar.

Bei der Herstellung des Werkes haben wir uns zukunftsbewusst für umweltverträgliche und wiederverwertbare Materialien entschieden.
Der Inhalt ist auf chlorfrei gebleichtes Papier gedruckt.

ISBN 978-3-609-62325-2

E-Mail: kundenbetreuung@hjr-verlag.de

Telefon: +49 89/2183-7928
Telefax: +49 89/2183-7620

www.ecomed-SICHERHEIT.de

Satz: abavo GmbH, 86807 Buchloe
Druck: Druckerei C.H. Beck, 86720 Nördlingen

Vorwort

Die Anforderungen an die Angehörigen der Freiwilligen Feuerwehren, Berufsfeuerwehren, Werk- und Betriebsfeuerwehren haben sich im Laufe der Jahre erheblich verändert. Genügten früher die Kenntnisse der normalen Brandbekämpfung, müssen heute selbst kleine Feuerwehren die unterschiedlichsten Notlagen meistern, um in Not geratene Mitmenschen oder Tiere zu retten, Sachwerte zu erhalten und die Umwelt vor Schaden zu bewahren.

Dies ist nur noch möglich, wenn für die Feuerwehrangehörigen eine umfassende und wirksame Aus- und Weiterbildung angeboten und durchgeführt wird.

Diese Forderung steht jedoch dem Problem gegenüber, dass diese Aus- und Weiterbildung von den meist freiwillig tätigen Angehörigen der Feuerwehren zusätzlich zu den immer weiter steigenden Anforderungen im Berufsleben geleistet werden muss.

Letztlich liegt es an jedem Feuerwehrangehörigen selbst, ob und in welchem Umfang er bereit ist, sich durch eine regelmäßige und aktive Teilnahme an der Aus- und Weiterbildung den gesteigerten Anforderungen der Feuerwehr zu stellen.

Das Ziel der Broschürenreihe „Fachwissen Feuerwehr“ besteht darin, die Feuerwehrangehörigen mit dem Wissen auszustatten, das in der heutigen Zeit erforderlich ist, um aufgabengerecht und wirkungsvoll tätig zu werden.

Sie ist vorrangig für die Feuerwehrangehörigen vorgesehen, die erstmals in das Thema Feuerwehr „einsteigen“, und für diejenigen, die sich ein solides Basiswissen aneignen möchten.

Die Gliederung der Broschüren entspricht weitgehend der Gliederung der Feuerwehr-Dienstvorschrift FwDV 2 „Ausbildung der Freiwilligen Feuerwehren“ und den daraus abgeleiteten Lernzielkatalogen. Deshalb können diese Ausarbeitungen auch gut zur Lehrgangsvorbereitung und -begleitung genutzt werden. Das praktische Broschürenformat ermöglicht eine leichte Handhabung in der Praxis.

Die Texte und Abbildungen sind in leicht verständlicher Weise dargestellt, wichtige Hinweise und Merksätze filtern die für die Praxis wichtigen Informationen heraus. Auf die Verwendung spezieller Formeln und wenig gebräuchlicher Begriffe und Einheiten wird weitgehend verzichtet. Die Angabe technischer Daten erfolgt ohne Gewähr.

Die Funktionsbezeichnungen und personenbezogenen Begriffe gelten sowohl für weibliche als auch für männliche Feuerwehrangehörige.

Diese Broschüre „**Atemschutzgeräteträger**" befasst sich mit dem grundlegenden Basiswissen über den Atemschutz der Feuerwehr und richtet sich vor allem an die Feuerwehrangehörigen, die sich auf die Ausbildung zum Atemschutzgeräteträger vorbereiten oder sich bereits in der Ausbildung befinden.

Aber auch Feuerwehrangehörige, die bereits Erfahrungen als Atemschutzgeräteträger gesammelt haben, können mit dieser Broschüre ihr Fachwissen auffrischen.

Darüber hinausgehende Informationen, besonders zu den Bereichen Einsatztaktik, Verhalten in Notsituationen, Such- und Rettungsverfahren u.Ä. können dem Fachbuch „Atemschutz" aus der Reihe Einsatzpraxis entnommen werden.

Hinweis: Die vierte Auflage dieser Broschüre wurde komplett überarbeitet und aktualisiert, insbesondere der Abschnitt 9 Einsatzgrundsätze.

Geseke, April 2010 — Hans Kemper

Inhalt

1 Einleitung

Bei Bränden und beim Umgang mit gefährlichen Stoffen können Atemgifte entstehen oder Sauerstoffmangel auftreten. Für die Einsatzkräfte der Feuerwehr ist es aber unerlässlich, bei der Rettung von Menschen oder bei der Brandbekämpfung in derartige Gefahrenbereiche vorzudringen.

Deshalb muss zunächst versucht werden, diese Gefahren durch technische Maßnahmen (z.B. Lüften) oder organisatorische Maßnahmen (z.B. Verlassen des Gefahrenbereiches) restlos zu beseitigen. Ist dies nicht möglich, müssen sich die Einsatzkräfte entsprechend dem Umfang der möglichen Gefährdung durch geeignete Atemschutzgeräte vor diesen Gefahren schützen.

Abbildung 1: Einsatz der Feuerwehr unter Atemschutz
(Quelle: Marc Köppelmann Paderborn)

Die bei den Einsätzen auftretenden Atemgifte oder Sauerstoffmangel erfordern von den Einsatzkräften genaue Kenntnisse über die entstehenden Gefahren, die Schutzwirkungen der Atemschutzgeräte und deren Einsatzmöglichkeiten und -grenzen. Die Auswahl der richtigen Geräte, die Aus- und Fortbildung der Atemschutzgeräteträger sowie die regelmäßige Prüfung, Wartung und Pflege der Geräte sind weitere Voraussetzungen für die erfolgreiche und unfallsichere Verwendung der Atemschutzgeräte im Einsatz.

Der Atemschutz der Feuerwehr bedarf besonderer Aufmerksamkeit, da jede technische oder menschliche Unzulänglichkeit die Gesundheit und das Leben der Einsatzkräfte und auch der vom Einsatz betroffenen Personen gefährden kann. So ist z.B. der Atemschutzeinsatz innerhalb eines brennenden Gebäudes eine der gefährlichsten Aufgaben, die bei der Feuerwehr erfüllt werden muss. Oftmals sind die Gefahren in einem Gebäude mangels Sichtmöglichkeit nicht unmittelbar zu erkennen; außerdem müssen sich die eingesetzten Kräfte innerhalb eines Trupps absolut aufeinander verlassen können.

Hinweis: Ist während des Einsatzes die Gefahr der Hautschädigung durch Gase oder Dämpfe oder deren Aufnahme über die Haut nicht auszuschließen, muss zusätzlich spezielle Schutzkleidung wie z.B. ein Chemikalienschutzanzug getragen werden.

Gerade die tragischen Unfälle bei Einsätzen unter Atemschutz in den letzten Jahren geben deshalb Anlass, sich intensiv mit den Grundlagen des Atemschutzes und der Sicherheit bei Atemschutzeinsätzen zu befassen. Dies gilt auch und vor allem für den in der Vergangenheit eher vernachlässigten Bereich der Atemschutzüberwachung und des Einsatzes von Sicherheitstrupps für den Atemschutznotfall.

2 Rechtsgrundlagen

Für die ordnungsgemäße Durchführung des Atemschutzes ist die Einhaltung der bestehenden Vorschriften und Richtlinien erforderlich.

Hierzu gehören u.a. die

- Feuerwehr-Dienstvorschrift FwDV 7 „Atemschutz“ Stand: 2005,
- Unfallverhütungsvorschrift „Feuerwehren“ (GUV-V C 53) und die dazu ergangenen Durchführungsanweisungen und Erläuterungen,
- Berufsgenossenschaftlichen Grundsätze für arbeitsmedizinische Vorsorgeuntersuchungen, Grundsatz G 26 „Atemschutzgeräte“,
- jeweils gültigen Ausgaben der DIN bzw. DIN EN Normen,
- einschlägigen technischen Regeln,
- entsprechenden Erlasse der einzelnen Bundesländer,
- Merkblätter der Feuerwehr-Unfallkassen,
- Empfehlungen und Richtlinien der vfdb und die
- technischen Unterlagen der Hersteller von Atemschutzgeräten.

2.1 Feuerwehr-Dienstvorschrift FwDV 7 „Atemschutz“

Die Feuerwehr-Dienstvorschrift FwDV 7 „Atemschutz“ bildet die Grundlage für den Bereich Atemschutz der Feuerwehr. Sie soll nicht nur eine einheitliche und sorgfältige Aus- und Fortbildung der Atemschutzgeräteträger sicherstellen, sondern auch die Voraussetzungen für die erfolgreiche und unfallsichere Anwendung von Atemschutzgeräten bei Übungen und bei Einsätzen schaffen. Darüber hinaus sind in dieser Feuerwehr-Dienstvorschrift Regelungen für die Handhabung, Pflege und Wartung der Atemschutzgeräte enthalten.

Neben der FwDV 7 sind bei der Ausbildung, im Einsatz, bei der Handhabung und Instandhaltung der Atemschutzgeräte gegebenenfalls auch länderspezifische Regelungen zu beachten.

Gliederung der Feuerwehr-Dienstvorschrift FwDV 7 „Atemschutz"

- ➡ Bedeutung des Atemschutzes
- ➡ Anforderungen an Atemschutzgeräteträger
- ➡ Verantwortlichkeit und Aufgabenverteilung
- ➡ Atemschutzgeräte
- ➡ Aus- und Fortbildung
- ➡ Einsatzgrundsätze
- ➡ Instandhalten der Atemschutzgeräte
- ➡ Dokumentation
- ➡ Begriffsbestimmungen
- ➡ Rechtsgrundlagen und Regelwerke
- ➡ Muster einer Ausbildungsordnung

2.2 Unfallverhütungsvorschrift „Feuerwehr"

Gemäß der Festlegungen in der Feuerwehr-Dienstvorschrift FwDV 7 „Atemschutz" müssen bei Einsätzen und Übungen die Unfallverhütungsvorschrift „Feuerwehr" (GUV-V C 53) und die dazugehörenden Durchführungsanweisungen in der jeweils gültigen Fassung beachtet werden.

Für den Bereich des Atemschutzes gelten insbesondere die folgenden Regelungen der Unfallverhütungsvorschrift:

> **§ 12 Persönliche Schutzausrüstungen**
>
> (2) Bei besonderen Gefahren müssen spezielle persönliche Schutzausrüstungen vorhanden sein, die in Art und Anzahl auf diese Gefahren abgestimmt sind.

In der dazugehörenden Durchführungsanweisung heißt es u.a.: „Spezielle persönliche Schutzausrüstungen sind insbesondere: ... Atemschutzgeräte ...“

§ 14 Persönliche Anforderungen

Für den Feuerwehrdienst dürfen nur körperlich und fachlich geeignete Feuerwehrangehörige eingesetzt werden.

In der Durchführungsanweisung heißt es u.a.: „ ... Besondere Anforderungen an die körperliche und fachliche Eignung werden insbesondere an Feuerwehrangehörige gestellt, die als Atemschutzgeräteträger ... Dienst tun. Die körperliche Eignung ... ist nach den berufsgenossenschaftlichen Grundsätzen für arbeitsmedizinische Vorsorgeuntersuchungen festzustellen und zu überwachen: Für Atemschutzgeräteträger nach G 26 „Atemschutzgeräte“, ...“.

§ 27 Einsatz mit Atemschutzgeräten

(1) Können Feuerwehrangehörige durch Sauerstoffmangel oder durch Einatmen gesundheitsschädigender Stoffe gefährdet werden, müssen je nach der möglichen Gefährdung geeignete Atemschutzgeräte getragen werden.

(2) Beim Einsatz mit von der Umgebungsatmosphäre unabhängigen Atemschutzgeräten ist dafür zu sorgen, dass eine Verbindung zwischen Atemschutzgeräteträger und Feuerwehrangehörigen, die sich in nicht gefährdetem Bereich aufhalten, sichergestellt ist.

(3) Je nach der Situation am Einsatzort muss ein Rettungstrupp mit von der Umgebungsatmosphäre unabhängigen Atemschutzgeräten zum sofortigen Einsatz bereitstehen.

In der Durchführungsanweisung heißt es hierzu: „Diese Forderungen sind erfüllt, wenn z.B. die Bestimmungen der FwDV 7 eingehalten werden.“

2.3 Verantwortlichkeit und Aufgabenverteilung

Der Träger der Feuerwehr (z. B. die Gemeinde) ist als Unternehmer für die Sicherheit bei der Verwendung von Atemschutzgeräten verantwortlich.

Die ordnungsgemäße Durchführung des Atemschutzes, die dazugehörende Aus- und Fortbildung einschließlich der regelmäßigen Übungen unter einsatzmäßigen Bedingungen sowie die Überwachung der festgelegten Fristen obliegt zunächst der Leitung der Feuerwehr. Die Leitung der Feuerwehr lässt außerdem die vorgesehenen Atemschutzgeräteträger sorgfältig auswählen. Diese sollen persönlich geeignet sein und müssen die gesundheitlichen und fachlichen Voraussetzungen erfüllen.

Die Leitung der Feuerwehr kann insbesondere die Aus- und Fortbildung und die Wartung und Prüfung der vorhandenen Atemschutzgeräte an andere Personen innerhalb der Feuerwehr, wie z. B. an einen dafür bestimmten Leiter des Atemschutzes, einen Ausbilder für Atemschutzgeräteträger, einen Gerätewart oder einen Atemschutzgerätewart, übertragen. Diese beauftragten Personen sind dann ebenfalls für die Einhaltung der bestehenden Vorschriften und Richtlinien verantwortlich. Sie müssen für ihre Aufgaben persönlich geeignet sein, über entsprechende Einsatzerfahrung im Bereich Atemschutz verfügen und eine entsprechende Ausbildung haben.

Jeder zum Atemschutzgeräteträger ausgebildete Feuerwehrangehörige muss aus eigenem Interesse heraus vor allem dafür Sorge tragen, dass seine regelmäßigen Nachuntersuchungen gemäß dem Grundsatz für arbeitsmedizinische Vorsorgeuntersuchung „G 26 Atemschutzgeräte“ innerhalb der von einem ermächtigten Arzt festgelegten Fristen erfolgt.

Hinweis: Fühlt sich ein Atemschutzgeräteträger nicht in der Lage ein Atemschutzgerät zu tragen, muss er dies umgehend der zuständigen Führungskraft mitteilen.

Für die Aufgabenverteilung im Atemschutz kann die Leitung der Feuerwehr bei Bedarf folgende Funktionen vorsehen:

Tabelle 1: Aufgabenverteilung im Atemschutz

Funktion	Verantwortungsbereich
Leiter des Atemschutzes	• Beraten im Aufgabengebiet Atemschutz • Kontrolle der persönlichen Atemschutznachweise • Überwachen des Aufgabengebietes Atemschutz
Ausbilder	• Durchführen der Aus- und Fortbildung
Führungskraft im Einsatz	• Sicherstellen der Einhaltung der Einsatzgrundsätze • Sicherstellen der Atemschutzüberwachung
Atemschutz-geräteträger	• Gerätesichtprüfung vor dem Einsatz • Einsatzkurzprüfung vor dem Einsatz • Prüfen des Luftvorrates während des Einsatzes • Beginn und Ende des Atemschutzeinsatzes melden • Veranlassen der Wartung des Atemschutzgerätes • Melden festgestellter Mängel
Gerätewart	• Überwachen, Lagern und Verwalten • Überwachen der Termine • Veranlassen der Geräteprüfungen • Führen des Gerätenachweises
Atemschutz-gerätewart	• Aufgaben wie Gerätewart, zusätzlich: • Prüfen, Warten und Instandsetzen • Mitwirken bei der Ausbildung im Atemschutz

2.4 Selbstkontrolle und Testfragen

(Lösungen siehe Seite 96)

1. Welche Rechtsvorschriften müssen bei der Durchführung des Atemschutzes beachtet werden?

a) Unfallverhütungsvorschrift „Atemschutz" (GUV C 17)
b) Unfallverhütungsvorschrift „Feuerwehren" (GUV-V C 53)
c) Feuerwehr-Dienstvorschrift FwDV 7/2 „Einsatzgrundsätze"
d) Feuerwehr-Dienstvorschrift FwDV 7/1 „Rahmenvorschriften"

2. Welche Gliederungspunkte enthält die FwDV 7 „Atemschutz"?

a) Bedeutung des Atemschutzes
b) Beschaffung von Atemschutzgeräten
c) Instandsetzung von Atemschutzgeräten
d) Chemikalienschutzanzüge (CSA)

3. Welche Anforderungen werden in der Unfallverhütungsvorschrift „Feuerwehren" an Atemschutzgeräteträger gestellt?

a) körperlich und fachlich geeignet
b) mindestens 175 cm groß und 75 kg schwer
c) mindestens 3-jährige Tätigkeit in der Feuerwehr
d) mindestens Truppführerausbildung

4. Für welchen Bereich innerhalb des Atemschutzes ist ein Atemschutzgeräteträger selbst verantwortlich?

a) Gerätekontrolle vor dem Einsatz
b) Atemluftüberwachung während des Einsatzes
c) Meldung festgestellter Mängel
d) Wartung der Atemschutzmaske

3 Anforderungen an Atemschutzgeräteträger

Aufgrund der erheblichen körperlichen und psychischen Belastungen beim Einsatz unter Atemschutz, muss der Atemschutzgeräteträger geeignet und entsprechend ausgebildet sein. Seine körperliche Eignung ist vor Beginn der Ausbildung festzustellen. Die fachliche Eignung wird durch den Atemschutzgeräteträger-Lehrgang erreicht.

Anforderungen an Atemschutzgeräteträger

- ➡ **mindestens 18 Jahre alt**
- ➡ **körperlich geeignet**
- ➡ **Vorsorgeuntersuchung G 26-3**
- ➡ **Regelmäßige Nachuntersuchungen**
- ➡ **Atemschutzgeräteträger-Lehrgang**
- ➡ **Regelmäßige Fortbildungen und Übungen**

3.1 Körperliche Eignung

Feuerwehrangehörige, die zu Atemschutzgeräteträgern ausgebildet und unter Atemschutz eingesetzt werden sollen, müssen mindestens 18 Jahre und sollen möglichst nicht älter als 50 Jahre sein.

Die körperliche Eignung des Feuerwehrangehörigen ist durch einen hierzu ermächtigten Arzt gemäß dem von den Berufsgenossenschaften aufgestellten Grundsatz für arbeitsmedizinische Vorsorgeuntersuchung „G 26 Atemschutzgeräte“ festzustellen. Die Erstuntersuchung muss vor der Aufnahme der Ausbildung zum Atemschutzgeräteträger erfolgen. Diese Untersuchung ist in regelmäßigen Abständen zu wiederholen.

Bei den Untersuchungen werden u.a. die Funktion der Augen und des Gehörs, der allgemeine körperliche Zustand, die Herz-Kreislauf-Funktion unter Belastung (Belastungs-EKG) und die Lungenfunktion überprüft.

Die vom Arzt ausgestellte Bescheinigung über das Ergebnis der Untersuchung enthält das Datum und die Zeitspanne bis zur nächsten Nachuntersuchung. Die Bescheinigung kann auch bedingt – z.B. Maskenbrille tragen, o.Ä. – oder befristet – z.B. Nachuntersuchung bereits nach zwei Jahren – erteilt werden.

Wenn vermutet wird, dass der Feuerwehrangehörige den Anforderungen für das Tragen von Atemschutzgeräten nicht mehr genügt, z.B. nach einer schweren Erkrankung, ist eine erneute Untersuchung erforderlich. Dies gilt auch, wenn der Atemschutzgeräteträger selbst vermutet, den Anforderungen nicht mehr gewachsen zu sein.

Merke: Da sich der körperliche Zustand des Atemschutzgeräteträgers jederzeit ändern kann, wird in der FwDV 7 ausdrücklich gefordert, dass sich der Atemschutzgeräteträger zum Zeitpunkt einer Übung oder eines Einsatzes gesund und einsatzfähig fühlen muss.

Gemäß FwDV 7 sind Einsatzkräfte mit Bärten oder Koteletten im Bereich des Dichtrahmens der Atemschutzmaske für das Tragen von Atemschutzgeräten ungeeignet. Dies gilt auch für Einsatzkräfte, bei denen aufgrund der Kopfform, tiefer Narben o. Ä. kein ausreichender Maskendichtsitz erreicht werden kann oder wenn durch Körperschmuck die sichere Funktion des Atemanschlusses gefährdet ist.

3.2 Fachliche Eignung

Für die Ausbildung zum Atemschutzgeräteträger ist es zunächst erforderlich, dass der Feuerwehrangehörige die Feuerwehr-Grundausbildung gemäß Feuerwehr-Dienstvorschrift FwDV 2 „Ausbildung der Freiwilligen Feuerwehren“, d.h. den **Teil 1** der Truppmann-Ausbildung, erfolgreich abgeschlossen hat. Außerdem soll die Sprechfunker-Ausbildung gemäß FwDV 2 vor der Ausbildung zum Atemschutzgeräteträger abgeschlossen sein.

3.3 Selbstkontrolle und Testfragen

(Lösungen siehe Seite 96)

1. Welche körperlichen Voraussetzungen sind für die Ausbildung zum Atemschutzgeräteträger erforderlich?

a) Der Feuerwehrangehörige muss mindestens 21 Jahre alt sein.
b) Der Feuerwehrangehörige muss mindestens 18 Jahre alt sein.
c) Die körperliche Eignung des Feuerwehrangehörigen wird durch die Leitung der Feuerwehr festgelegt.
d) Die körperliche Eignung des Feuerwehrangehörigen wird durch einen ermächtigten Arzt festgestellt.
e) Die körperliche Eignung des Feuerwehrangehörigen wird durch seinen Hausarzt festgestellt.

2. Wie oft ist ein Atemschutzgeräteträger gemäß dem berufsgenossenschaftlichen Grundsatz G 26-3 zu untersuchen?

a) Vor der Ausbildung zum Atemschutzgeräteträger
b) Unmittelbar nach der Ausbildung zum Atemschutzgeräteträger
c) Im Abstand von jeweils einem Jahr
d) Wenn vermutet wird, dass der Atemschutzgeräteträger den körperlichen Anforderungen nicht mehr genügt

3. Welche fachlichen Voraussetzungen sind für die Ausbildung zum Atemschutzgeräteträger erforderlich?

a) Ein handwerklicher Beruf
b) Eine abgeschlossene Ausbildung zum Truppmann
c) Eine abgeschlossene Feuerwehr-Grundausbildung (TM Teil 1)
d) Eine Ausbildung zum Truppführer
e) Eine Beförderung zum Oberfeuerwehrmann

4 Ausbildung

4.1 Ziel der Ausbildung

Das Ziel der Ausbildung ist die Befähigung zum Einsatz unter Atemschutz. Die Ausbildung soll die Feuerwehrangehörigen in die Lage versetzen, sich gegen Gefahren, die an den Einsatzstellen durch Atemgifte und/oder Sauerstoffmangel drohen, zu schützen und sich entsprechend der jeweiligen Einsatzlage richtig zu verhalten, um auch in gefährlichen Situationen Ruhe und Besonnenheit zu bewahren zu können.

4.2 Art und Umfang der Ausbildung

4.2.1 Ausbildung zum Atemschutzgeräteträger

Die Art und der Umfang der Ausbildung richtet sich nach den Vorgaben der Feuerwehr-Dienstvorschriften FwDV 2 „Ausbildung der Freiwilligen Feuerwehren“ und der FwDV 7 „Atemschutz“. Gegebenenfalls sind zusätzliche länderspezifische Regelungen zu beachten. Die Ausbildung kann bei Bedarf erweitert werden, z.B. durch einen zusätzlichen Abschnitt „Träger von Chemikalienschutzanzügen“ oder durch die praktische Ausbildung in einer Brandsimulationsanlage.

Der erfolgreiche Abschluss der Ausbildung ist anhand der Belastungsübung und der Einsatzübungen während des Lehrganges festzustellen.

4.2.2 Durchführung der Ausbildung

Die Ausbildung zum Atemschutzgeräteträger findet an einer nach Landesrecht anerkannten Ausbildungsstätte auf Kreisebene oder an Landesfeuerwehrschulen statt. Die Ausbildung wird durch entsprechend geschulte Ausbilder für Atemschutzgeräteträger (z.B. Kreisausbilder Atemschutz) durchgeführt, die durch geeignete Personen unterstützt werden können.

Tabelle 2: Ausbildungsplan gemäß FwDV 2

Ausbildungseinheit	Inhalte	Zeit [h]
Lehrgangsorganisation	• Organisatorisches • Lernziele • Abschlussgespräch	2
Grundlagen der Atmung Atemschutztauglichkeit	• Atmung u. Luftverbrauch • Atemschutztauglichkeit • Belastungen	2
Atemgifte	• Atemgiftbegriff • Atemgifteigenschaften • Atemgiftgruppen	1
Atemschutzeinsatz-grundsätze	• Verantwortlichkeiten • Einsatzgrundsätze • Orientieren und Absuchen • Räume kennzeichnen • Notfallsituationen	3
Atemschutzgeräteeinsatz	• Atemanschlüsse • Filtergeräte • Pressluftatmer • Handhabung der Geräte • Arbeiten mit Belastung • Arbeiten im Einsatz	16
Leistungsnachweis	• gesamter Lehrstoff	1
	Gesamtstundenzahl:	**25**

4.2.2.1 Theoretische Ausbildung

In der theoretischen Ausbildung werden die angehenden Atemschutzgeräteträger eingehend über die Vorgänge der Atmung und die Gefahren durch das Auftreten von Sauerstoffmangel oder das Vorhandensein gesundheitsschädlicher Stoffe (Atemgifte) unterrichtet.

Darüber hinaus werden die verschiedenen Atemschutzgeräte, ihre Funktion, die Handhabung, die jeweilige Schutzwirkung und die Einsatzgrenzen behandelt. Ein weiterer Schwerpunkt der theoretischen Ausbildung sind die besonderen Einsatzgrundsätze für den Atemschutzeinsatz.

Tabelle 3: Groblernziele gemäß FwDV 2

Ausbildungseinheit	Die Teilnehmer müssen
Lehrgangsorganisation	... über Ablauf und Zielsetzung des Lehrgangs informiert werden und am Lehrgangsende Gelegenheit zur Kritik erhalten.
Grundlagen der Atmung Atemschutztauglichkeit	... die physiologischen Auswirkungen von Atemgiften sowie des Tragens von Atemschutzgeräten und Schutzkleidung auf den menschlichen Körper erklären können.
Atemgifte	... die Gefährdung durch Atemgifte in Abhängigkeit von deren spezifischen Eigenschaften erklären können.
Atemschutzeinsatzgrundsätze	... die besonderen Anforderungen und Verantwortlichkeiten, die an Atemschutzgeräteträger gestellt werden, wiedergeben und die besonderen Einsatzgrundsätze für den Atemschutzeinsatz erklären können.

4.2.2.2 Praktische Ausbildung

Ziel der praktischen Ausbildung ist es, die Feuerwehrangehörigen durch Übungen an die erschwerten Einsatzbedingungen zu gewöhnen, die sich durch das Tragen von Atemschutzgeräten ergeben.

Tabelle 4: Groblernziele gemäß FwDV 2

Ausbildungseinheit	Die Teilnehmer müssen
Atemschutzgeräte-einsatz	... die Schutzwirkung der Atemschutzgeräte sowie deren Aufbau, Funktion und Einsatzgrenzen erklären können. ... Atemschutzgeräte auch unter Einsatzbedingungen selbstständig und fachlich richtig handhaben und einsetzen können.

Hinweis: Die praktische Ausbildung ist so zu gestalten, dass besonders die Anforderungen der Unfallverhütungsvorschriften und die Grundsätze für den Einsatz mit Atemschutzgeräten beachtet werden.

Die praktische Ausbildung wird in Atemschutz-Übungsanlagen durchgeführt. Diese gemäß DIN 14093-1 genormten Anlagen sollen Einsatzbedingungen nachahmen, damit die Feuerwehrangehörigen bestmöglich im Gebrauch der Atemschutzgeräte ausgebildet werden können.

Die Anlage besteht im Wesentlichen aus dem

- Leitstand zur Steuerung und Überwachung der Anlage,
- Arbeitsraum mit Arbeitsmessgeräten (z.B. Endlos-Leiter, Schlaggerät, Fahrrad- und Laufbandergometer),
- Übungsraum mit Orientierungsstrecke („Gitterkäfig"),
- Vorbereitungsraum zur Vorbereitung und zum Aufenthalt vor und nach der Atemschutzübung.

Der Übungsraum muss so gestaltet sein, dass er beheizbar ist und verdunkelt und vernebelt werden kann. Die Orientierungsstrecke muss darüber hinaus so verändert werden können, dass die Atemschutzgeräteträger bei jeder Übung einen anderen Verlauf der Strecke vorfinden.

Die Übungen in Atemschutz-Übungsanlagen sind von geeigneten Ausbildern für Atemschutzgeräteträger und je nach Art und Umfang der Übungen von weiteren im Atemschutz erfahrenen Feuerwehrangehörigen (z.B. Atemschutzgerätewarten) dauernd zu überwachen. Bei Unfällen und sonstigen unvorhergesehenen Zwischenfällen muss eine unverzügliche Hilfeleistung gewährleistet sein.

Abbildung 2: Atemschutztrupp in einer Atemschutz-Übungsanlage

Tabelle 5: Übung von Tätigkeiten gemäß FwDV 7 (Beispiele)

Ausbildungsziel	Tätigkeit
Handhabung der Atemschutzgeräte	• An- und Ablegen der Atemschutzgeräte • Durchführen der Einsatzkurzprüfung • Wechseln von Druckluftflaschen
Gewöhnung	• Tragen von Vollmasken mit Atemschutzfiltern • Tragen von Pressluftatmern
Orientierung	• Begehen von abgedunkelten Objekten • Absuchen von abgedunkelten Objekten
Körperliche Belastung	• Schnelles Gehen, Tragen von Lasten • Begehen und Besteigen von Hindernissen • Einsteigen in Behälter und in enge Schächte
Psychische Belastung	• Verhalten bei Lärm und besonderen Ereignissen • Verhalten bei Gerätefehlern
Übung von Einsatztätigkeiten	• Suchen und Retten von Personen • Einsteigen über Leitern • Bergen und Transportieren von Gegenständen • Vornahme von Strahlrohren und Schläuchen • Instellungbringen von Geräten, • Verrichten von handwerklichen Arbeiten • Abgeben von Meldungen über Funk
Eigensicherung	• Anlegen der persönlichen Schutzausrüstung • Handhaben kontaminierter Ausrüstungen • Verhalten bei Eigengefährdung • Beachten der Atemschutzüberwachung
Notfalltraining	• Retten von Atemschutzgeräteträgern • Abgeben von Notfallmeldungen

4.2.2.3 Regelmäßige Fortbildung

Gemäß FwDV 7 „Atemschutz“ sind zur Sicherstellung der Einsatzbereitschaft der Atemschutzgeräteträger jährlich theoretische und praktische Unterweisungen über den Atemschutz in die allgemeinen Ausbildungspläne der Standortausbildung aufzunehmen. Atemschutzgeräteträger müssen darüber hinaus jährlich mindestens eine Belastungsübung in einer Atemschutz-Übungsanlage **und** eine Einsatzübung innerhalb einer taktischen Einheit unter Atemschutz durchführen. Die Einsatzübung kann entfallen, wenn der Atemschutzgeräteträger in entsprechender Art und Umfang unter Atemschutz im Einsatz war.

Merke: Wer die erforderlichen Übungen nicht innerhalb eines Jahres ableistet, darf bis zum Nachholen der Übungen grundsätzlich **nicht** als Atemschutzgeräteträger eingesetzt werden.

Abbildung 3: Einsatzübung einer Feuerwehr unter Atemschutz
(Quelle: DVW Dietrich + Vonhof, Wuppertal)

Ziel der jährlichen Fortbildung ist es, die Befähigung des Feuerwehrangehörigen zum Einsatz unter Atemschutz zu erhalten und seine körperliche Belastbarkeit zu überprüfen.

Bei der Belastungsübung ist vom Atemschutzgeräteträger mit einem Luftvorrat von 1.600 L abwechselnd in der Orientierungsstrecke, im Übungsraum und an verschiedenen Arbeitsgeräten im Arbeitsraum eine Gesamtarbeit von 80 kJ und bei Atemschutzgeräteträgern ab dem 50. Lebensjahr eine Gesamtarbeit von 60 kJ zu erbringen. Wird bei dieser Belastungsübung die geforderte Leistung auch bei einer Wiederholung nicht erbracht, muss sich der Atemschutzgeräteträger einer erneuten arbeitsmedizinischen Vorsorgeuntersuchung gemäß G 26 unterziehen.

In Einsatzübungen in einem dafür geeigneten Objekt sind erhöhte Anforderungen und Schwierigkeitsgrade einzubauen, so dass Orientierungskenntnisse der Atemschutzgeräteträger abgefordert, Belastungsintervalle eingehalten und einsatztypische Tätigkeiten durchgeführt werden. Durch akustische oder optische Darstellungsmittel, Rauch, Wärmequellen, bewegliche und unbewegliche Hindernisse oder durch Anbringen entsprechender Beschilderungen mit Gefahrensymbolen oder Erläuterungen zur Übungslage innerhalb des Übungsobjektes sind einsatzmäßige Bedingungen nachzuahmen.

Im Zusammenhang mit den regelmäßigen Einsatzübungen ist auch ein Notfalltraining durchzuführen, bei dem z.B. angenommen wird, dass ein Atemschutzgeräteträger in einem Gebäude verunfallt, der Atemluftvorrat eines Atemschutzgeräteträgers im Gefahrenbereich zur Neige geht oder dem Atemschutztrupp der Rückzugweg versperrt ist. Dabei ist auch das Abgeben von Notfallmeldungen zu üben.

Merke: Bei jeder Einsatzübung muss eine Atemschutzüberwachung durchgeführt werden.

4.3 Selbstkontrolle und Testfragen

(Lösungen siehe Seite 96)

1. Welche Bereiche des Atemschutzes werden im Atemschutzgeräteträger-Lehrgang behandelt?

a) Vorgänge der Atmung
b) Gefahren durch Atemgifte
c) Neutralisation der Atemgifte
d) Grundsätze für den Atemschutzeinsatz
e) Reparatur von Atemschutzgeräten

2. Welche Ausbildungsziele sollen in der praktischen Ausbildung erreicht werden?

a) Richtige Handhabung der Atemschutzgeräte
b) Erhöhung der Schnelligkeit beim Benutzen der Arbeitsmessgeräte
c) Orientierung in der Übungsstrecke einer Atemschutz-Übungsanlage
d) Verzicht auf Atemschutzgeräte durch Erlernen geeigneter Atemtechniken
e) Durchführung der Einsatzkurzprüfung

3. Welche Aussagen über die regelmäßigen Übungen der Atemschutzgeräteträger sind richtig?

a) Atemschutzgeräteträger müssen mindestens einmal jährlich eine Belastungsübung in einer Atemschutz-Übungsanlage durchführen.
b) Atemschutzgeräteträger müssen mindestens einmal jährlich eine Einsatzübung unter Atemschutz durchführen.
c) In regelmäßigen Abständen sind Unterweisungen im Atemschutz im Rahmen der Standortausbildung durchzuführen.
d) In die Atemschutzübungen sind erhöhte Anforderungen und Schwierigkeitsgrade einzubauen.

5 Atmung

Die Atmung des Menschen ist ein sich ständig wiederholender, unbewusst ablaufender Vorgang, der sich in zwei Abschnitte gliedert:

- die **äußere Atmung,** d.h. die Aufnahme von Sauerstoff aus der Umgebungsluft und die Abgabe von Kohlendioxid aus dem Körper und
- die **innere Atmung,** d.h. die Abgabe von Sauerstoff an die Zellen und die Aufnahme von Kohlendioxid aus den Zellen.

Der Sauerstoff der eingeatmeten Umgebungsluft wird im Körper des Menschen für den Stoffwechsel, d.h. für die Umsetzung der Nährstoffe benötigt, wobei Wärmeenergie frei wird und u.a. auch Kohlendioxid entsteht.

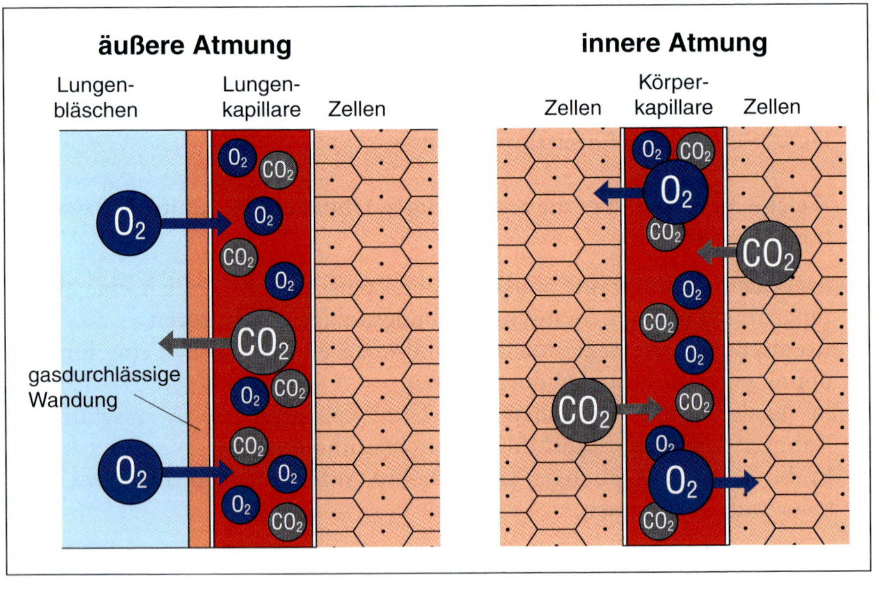

Abbildung 4: Atemvorgang

5.1 Atemvorgang

Bei der Atmung nimmt der Mensch Sauerstoff (O_2) aus der Umgebungsluft auf und gibt Kohlendioxid (CO_2) wieder an die Umgebungsluft ab. Dieser Vorgang kann wie folgt genauer beschrieben werden:

- Durch die Bewegungen des Brustkorbes entsteht ein Unterdruck in den Atemorganen, der dazu führt, dass der Mensch Luft über die oberen Atemwege (Nase, Mund und Rachenraum) aus der Umgebung einatmet.
- Diese Luft gelangt über die unteren Atemwege (Kehlkopf, Luftröhre und Bronchien) bis zu den Endpunkten der Lunge, den Lungenbläschen.
- Der Sauerstoff der eingeatmeten Luft geht durch die nur gasdurchlässigen, dünnen Wandungen der Lungenbläschen in das Blut der umgebenden Haargefäße (Lungenkapillaren) über.
- Durch das Blut wird der Sauerstoff dann zu den einzelnen Zellen transportiert und dort an die Zellen abgegeben.
- Gleichzeitig wird von den Zellen das bei den Stoffwechselvorgängen entstandene Kohlendioxid abgegeben.
- Das Kohlendioxid gelangt mit dem Blut in die Lungenkapillaren, durchdringt die gasdurchlässige Wandung der Lungenbläschen und wird über die unteren und oberen Atemwege aus dem Körper nach außen geführt.

Merke: Der Atemvorgang ist für den Menschen lebensnotwendig. Ohne Atmung kann der Mensch nur wenige Minuten überleben, eine Störung der Atmung bedeutet immer Lebensgefahr!

5.2 Atemluft

Die Zusammensetzung der Ein- und Ausatemluft wird in der nachfolgenden Tabelle aufgeführt. Hierbei bleiben Bestandteile der Luft, wie z. B. Luftverunreinigungen, Feuchtigkeit o. Ä. unberücksichtigt, auch wenn sie nahezu überall vorkommen.

Tabelle 6: Zusammensetzung der Ein- und Ausatemluft

Einatemluft		Luftbestandteil		Ausatemluft
78,00 Vol.%	⬅	Stickstoff	➡	78,00 Vol.%
21,00 Vol.%	⬅	Sauerstoff	➡	17,00 Vol.%
0,04 Vol.%	⬅	Kohlendioxid	➡	4,04 Vol.%
0,96 Vol.%	⬅	Edelgase	➡	0,96 Vol.%

Sauerstoffmangel in der Umgebungsluft führt zu einem Sauerstoffmangel in den Zellen des Körpers und blockiert so wichtige Lebensfunktionen. Er wird durch die menschlichen Sinne nicht wahrgenommen und kann zu gesundheitlichen Schädigungen, Bewusstlosigkeit oder Tod führen.

Atembare Umgebungsluft muss mindestens 17 Vol.% Sauerstoff enthalten, frei von gesundheitsschädlichen Stoffen und so temperiert sein, dass keine Verbrennungen oder Erfrierungen der Atemorgane auftreten können. Werden diese Voraussetzungen nicht erfüllt, müssen Schutzmaßnahmen getroffen werden, wie z.B. das Tragen von geeigneten Atemschutzgeräten.

Der Luftbedarf (und somit der Sauerstoffbedarf) des Menschen ist vor allem von der zu erbringenden Arbeitsleistung abhängig. Der Bedarf kann aber auch von anderen Merkmalen wie Körperbau, Körpergewicht, Lebensalter oder der allgemeinen Verfassung des Menschen abhängen.

Luftbedarf des Menschen	➡	**in Ruhe ca. 5 bis 10 l/min**
	➡	**leichte Arbeit ca. 15 bis 20 l/min**
	➡	**mittlere Arbeit ca. 25 bis 40 l/min**
	➡	**schwere Arbeit ca. 50 bis 70 l/min**

5.3 Selbstkontrolle und Testfragen

(Lösungen siehe Seite 96)

1. Aus welchen Bestandteilen besteht die nicht verunreinigte Atemluft?

a) 87 % Stickstoff
b) 78 % Stickstoff
c) 17 % Sauerstoff
d) 21 % Sauerstoff
e) 0,04 % Kohlenmonoxid
f) 0,04 % Kohlendioxid

2. Wie läuft der Vorgang der Atmung ab?

a) Die eingeatmete Umgebungsluft gelangt über die Atemwege in den Körper.
b) Die eingeatmete Luft wird von der Lunge direkt an die Körperzellen abgegeben.
c) Der Sauerstoff der eingeatmeten Luft geht von den Lungenbläschen in das Blut der Lungenkapillare über.
d) Der Sauerstoff gelangt über die Nervenbahnen zu den einzelnen Körperzellen.
e) Der Sauerstoff gelangt über das Blut zu den einzelnen Körperzellen.
f) Von den Körperzellen wird Kohlendioxid abgegeben und über die Atemwege abgeführt.

3. Wovon hängt der Luftbedarf des Menschen ab?

a) Von der zu erbringenden Arbeitsleistung
b) Von der Tageszeit
c) Von der allgemeinen Verfassung
d) Von dem eingesetzten Atemschutzgerät

6 Atemgifte

Atemgifte sind Stoffe in der Umgebungsluft, die über die Atemwege und/oder die Haut in den Körper gelangen und dort schädigend wirken. Die Gefährlichkeit der Atemgifte wird bestimmt durch

- die Art des Stoffes,
- die Konzentration,
- die Einwirkungsdauer,
- die Menge und
- die Erkennbarkeit und Wahrnehmung des Atemgiftes.

Atemgifte treten sowohl innerhalb von baulichen Anlagen, als auch im Freien z. B. in Form von

- Verbrennungsprodukten wie Brandrauch oder Brandgasen,
- aufgewirbelten Stäuben,
- Dämpfen ausgelaufener oder verdampfender Flüssigkeiten oder
- ausströmenden Gasen auf.

Für die Einsatzkräfte besteht vielfach das Problem, dass Atemgifte mit den Sinnesorganen nur sehr schwer oder gar nicht wahrgenommen werden können. Sie können unsichtbar, geruch- und geschmacklos sein. Erkennbar ist die Wirkung, die die Atemgifte auf Menschen haben. Dazu gehören z. B. plötzliche Hautreizungen, Übelkeit, Hustenreiz o. Ä.

Werden diese Wirkungen erkannt, ist jedoch u. U. schon eine Schädigung eingetreten, deren Auswirkungen auf den Organismus meist nur schwer oder auch gar nicht zu beheben sind.

Merke: Werden Atemgifte oder Sauerstoffmangel an einer Einsatzstelle bereits **vermutet**, ist der Einsatz von geeigneten Atemschutzgeräten unbedingt erforderlich.

6.1 Einteilung der Atemgifte

Entsprechend ihrem Aggregatzustand können Atemgifte **fest, flüssig** oder **gasförmig** vorkommen.

- Bei den festen Atemgiften handelt es sich um kleine oder kleinste Teilchen wie z.B. Stäube, Ruß oder Flugasche, die als Schwebstoffe in der Umgebungsluft auftreten können.
- Flüssige Atemgifte sind kleine oder kleinste Flüssigkeitstropfen wie z.B. Nebel oder Aerosole.
- Gasförmige Atemgifte treten in Form von Gasen oder Dämpfen auf.

Atemgifte können **leichter** oder **schwerer** als Luft sein.

- Sind Atemgifte leichter als Luft, bilden sie vorwiegend an der Entstehungs- oder Austrittstelle wegen der dort herrschenden Konzentrationen eine größere Gefahr. Mit zunehmendem Abstand lässt die Konzentration nach, da sich die Atemgifte aufgrund ihres Gewichtes schnell in höhere Luftschichten verflüchtigen. Dieser Vorgang vollzieht sich jedoch so nur im Freien; in geschlossenen Räumen können sich die Atemgifte „stauen", bis sie durch gründliche Lüftungsmaßnahmen abgeführt werden.
- Sind Atemgifte schwerer als Luft, sammeln sie sich in geschlossenen Räumen in hohen Konzentrationen oberhalb des Fußbodens. Sie verhalten sich fast wie Flüssigkeiten und können z.B. in tiefergelegene Räume, Schächte u.Ä. „fließen". Im Freien können sie sich an windgeschützten, tiefergelegenen Stellen sammeln und so für längere Zeit eine Gefahr bilden. Nach und nach werden sie sich aber mit der Umgebungsluft vermischen und so ihre schädigende Wirkung verlieren.

Das Gewicht der Atemgifte im Verhältnis zur Umgebungsluft ist insofern wichtig, als dadurch bestimmt werden kann, wo sich ein Atemgift befindet. Dabei ist jedoch zu berücksichtigen, dass erwärmte Gase oder Dämpfe leichter werden und nach oben aufsteigen.

Tabelle 7: Relative Dichte von Gasen bezogen auf die Dichte von Luft

Stoff	Formel	relative Dichte *)
Methan	CH_4	0,55
Kohlenmonoxid	CO	0,97
Kohlendioxid	CO_2	1,53
Chlor	Cl_2	2,5
Benzin	CH_X	2,9

*) Ein Wert kleiner 1,0 bedeutet leichter als Luft, ein Wert größer 1,0 schwerer als Luft

Verschiedene Atemgifte können außerdem nach ihrer **Wasserlöslichkeit** unterschieden werden.

- Leicht wasserlösliche Atemgifte lösen sich bereits in den oberen, feuchten Atemwegen und führen so zu Schädigungen.
- Schwer wasserlösliche Atemgifte gelangen bis in die Lunge und führen erst dort zu Schädigungen.

6.2 Wirkungen der Atemgifte

Die auf den ungeschützten Körper einwirkenden Atemgifte können aufgrund der Wirkungen in verschiedene Arten eingeteilt werden:

Wirkung der Atemgifte	➡	**mit erstickender Wirkung**
	➡	**mit Reiz- und Ätzwirkung**
	➡	**mit Wirkung auf Blut, Nerven und Zellen**

Eine genaue Abgrenzung der Atemgifte ist nicht immer möglich, da bestimmte Stoffe auch in mehrfacher Weise wirken können.

Es ist aber zweckmäßig eine Einteilung vorzunehmen, um so die hauptsächlichen Eigenschaften zu bestimmen und hieraus die entsprechenden Schutzmaßnahmen abzuleiten.

6.2.1 Atemgifte mit erstickender Wirkung

Zu dieser Gruppe werden die gasförmigen Stoffe gezählt, die zwar selbst ungiftig sind und so keine direkte Schädigungen der Atmung hervorrufen, die aber durch ihr Vorhandensein in der Umgebungsluft den Sauerstoffgehalt auf eine für die Atmung nicht mehr ausreichende Menge (unter 15 %) herabsetzen oder ganz unterbinden.

Sie sind meistens farb-, geruch- und geschmacklos und so für den Menschen nicht wahrnehmbar. Der Körper kann beim Vorhandensein derartiger Atemgifte in hohen Konzentrationen nicht mehr im ausreichenden Maße mit Sauerstoff versorgt werden; hierdurch können Ermüdungserscheinungen und auch plötzlich und ohne vorherige Anzeichen Bewusstlosigkeit eintreten, die u.U. auch zum Tode führen kann.

Hinweis: Wie hoch der Sauerstoffanteil der Umgebungsluft ist, kann nur mit entsprechenden Messgeräten festgestellt werden.

Zu den Atemgiften dieser Gruppe gehören Stoffe wie z.B.: Methan, Stickstoff, Edelgase oder Wasserstoff.

Beispiel:

Methan (chemische Formel CH_4)
• farb- und geruchloses, brennbares Gas
• etwa 2 x leichter als Luft
• zu ca. 95 % in Erdgas enthalten
• entsteht bei Fäulnis organischer Stoffe
• keine Giftwirkung – Ersticken durch Sauerstoffmangel

6.2.2 Atemgifte mit Reiz- und Ätzwirkung

Diese Atemgifte sind wasserlöslich und wirken so auf die Schleimhäute der Atemwege. Sie können auch zu Reizungen der Augen und der Haut führen. Durch diese Reizung können die betroffenen Einsatzkräfte die Wirkung von Atemgiften erkennen und sich entsprechend schützen.

Beim Einatmen werden je nach Wasserlöslichkeit zunächst die oberen Atemwege gereizt oder auch verätzt. Beim weiteren Eindringen in die Lunge kann es zu Verätzungen der Lungenbläschen kommen. Die sonst nur gasdurchlässigen Lungenbläschen werden zerstört; es kommt zu Flüssigkeits- und Sekretansammlungen in der Lunge – ein Sauerstoffaustausch kann nicht mehr stattfinden (Lungenödem). Diese Schädigungen werden u.U. erst nach längerer Zeit – der Latenzzeit – bemerkt.

Hinweis: Latenzzeit ist die Zeitspanne zwischen der **Aufnahme** eines Atemgiftes in den Körper und dem **Erkennen** einer Schädigung. Sie kann bei bestimmten Stoffen bis zu 48 Stunden betragen.

Zu den Atemgiften dieser Gruppe gehören Stoffe wie z.B.: Ammoniak, Brom, Chlor, nitrose Gase, Säure- oder Laugendämpfe.

Beispiel:

Chlor (chemische Formel Cl_2)
• gelbgrünes, nicht brennbares, giftiges Gas mit stechendem Geruch • etwa 2,5 x schwerer als Luft • Verwendung in der chemischen Industrie, in Schwimmbädern • starker Geruch wird bereits wahrgenommen bevor gefährliche Konzentrationen vorliegen • kann zu Husten, Atemnot, Reizungen der Schleimhäute führen • bei hohen Konzentrationen Zerstörung des Lungengewebes

6.2.3 Atemgifte mit Wirkung auf Blut, Nerven und Zellen

Bestimmte Atemgifte (Blutgifte) gelangen durch Einatmen in die Lunge und dann in das Blut. Hier können sie direkt auf das Blut einwirken, indem sie verhindern, dass Sauerstoff vom Blut **aufgenommen** und im Körper weiter transportiert wird. Andere Atemgifte dieser Gruppe (Zellgifte) verhindern, dass Sauerstoff vom Blut an die Körperzellen **abgegeben** wird. Weitere Atemgifte dieser Gruppe (Nervengifte) wirken auf die Nerven, lähmen diese oder beeinflussen das gesamte Nervensystem und können zu Seh-, Hör- oder Gleichgewichtsstörungen führen.

Die Atemgifte dieser Gruppe können farb-, geruch- oder geschmacklos sein und sind so für den Menschen nicht wahrnehmbar. Ihre Wirkungen sind u. U. erst dann erkennbar, wenn eine gewisse Menge der Stoffe aufgenommen wurde. Beim Einatmen größerer Mengen können schwere Vergiftungserscheinungen auftreten, die auch zum Tode führen können.

Zu den Atemgiften dieser Gruppe gehören Stoffe wie z. B.: Acetylen, Alkohol, Aceton, Benzin, Cyanwasserstoff, Kohlendioxid, Kohlenmonoxid.

Beispiel:

Kohlenmonoxid (chemische Formel CO)
• farb-, geruch- und geschmackloses, sehr giftiges, brennbares Gas • etwas leichter als Luft • entsteht bei unvollständiger Verbrennung des Kohlenstoffes • entsteht bei Schwelbränden in Konzentrationen von ca. 0,1 bis 0,5 Vol.% • blockiert die Aufnahme und den Transport von Sauerstoff im Blut • bis ca. 0,1 Vol.% Kopfschmerzen oder Schwindelgefühl • ab ca. 0,5 Vol.% und wenigen Minuten Einwirkzeit – Bewusstlosigkeit und Tod

6.2.4 Brandrauch

Der Brandrauch ist ein Gemisch aus festen, flüssigen und gasförmigen Verbrennungsprodukten, das sich je nach Art der verbrannten Stoffe, je nach Verbrennungstemperatur und -geschwindigkeit und Sauerstoffkonzentration bei der Verbrennung aus einer Vielzahl verschiedener Atemgifte in unterschiedlichen Konzentrationen zusammensetzt. Die Gefährlichkeit des Brandrauches liegt im gleichzeitigen Zusammenwirken mehrerer Atemgifte. Dadurch können größere Schäden entstehen als beim Wirken der einzelnen Stoffe allein. Darüber hinaus nimmt der Brandrauch die Sicht und verleitet u.U. zu Angst- und Panikreaktionen.

Brandrauch besteht im Wesentlichen aus Kohlenmonoxid, Kohlendioxid, Stickoxiden, Schwefeldioxid, Blausäure, Teerkondensaten und Ruß.

6.3 Beurteilung der Atemgifte

Solange bei Einsätzen der Feuerwehr nicht bekannt ist, ob, in welcher Menge und in welcher Art Atemgifte freigesetzt wurden, müssen im Interesse der Gesundheit der Einsatzkräfte und der betroffenen Personen schon beim Vermuten von Atemgiften entsprechende Schutzmaßnahmen getroffen werden.

6.3.1 AGW-Werte

Für die Beurteilung der Gefährlichkeit von Atemgiften in der Umgebungsluft können die AGW-Werte (Arbeitsplatzgrenzwerte) dieser Stoffe herangezogen werden.

Die AGW-Werte (in ppm) werden durch den Bundesminister für Arbeit und Sozialordnung in einer ständig aktualisierten Liste bekanntgegeben. Diese Werte geben die höchstzulässige Konzentration eines Arbeitsstoffes (Schwebstoff, Dampf oder Gas) an einem Arbeitsplatz an. Nach dem jeweiligen Stand der Kenntnisse beeinträchtigt eine solche Konzentration bei einer täglichen achtstündigen Einwirkung nicht die Gesundheit von Beschäftigten.

6.3.2 ETW-Werte

Zur Abschätzung der Gefahren durch das Einatmen giftiger Gase oder Dämpfe wurden – auf die Belange der Feuerwehr zugeschnitten – so genannte Einsatztoleranzwerte (ETW) ermittelt und in der vfdb-Richtlinie 10/01: „Bewertung von Schadstoffkonzentrationen im Feuerwehreinsatz“ veröffentlicht.

Die Einsatztoleranzwerte sind so festgesetzt worden, dass unterhalb dieser Werte die Leistungsfähigkeit von Einsatzkräften ohne Atemschutz bei einer etwa vierstündigen Einwirkung während eines Einsatzes und in der Folgezeit nicht beeinträchtigt wird. Die Richtlinie wurde als Bewertungs- und Entscheidungshilfe für Feuerwehreinsätze konzipiert. Dies setzt aber voraus, dass die angegebenen Gefahrstoffe durch die Feuerwehren ohne größeren technischen Aufwand messtechnisch erfassbar sind. Die festgestellten Messwerte können durch den Einsatzleiter der Feuerwehr anhand der Einsatztoleranzwerte dann bewertet und zur Lagebeurteilung herangezogen werden.

Tabelle 8: Werte von bestimmten Atemgiften

Stoffe	AGW-Wert	ETW-Wert
Aceton	500 ppm	500 ppm
Ammoniak	50 ppm	110 ppm
Chlor	0,5 ppm	1 ppm
Ethanol	500 ppm	3.000 ppm
Kohlendioxid	5.000 ppm	10.000 ppm
Kohlenmonoxid	30 ppm	33 ppm
Phosgen	0,02 ppm	0,08 ppm

Merke: Bei Konzentrationen oberhalb des ETW sind Einsatzmaßnahmen der Feuerwehr grundsätzlich unter Verwendung von geeigneten Atemschutzgeräten durchzuführen.

6.4 Selbstkontrolle und Testfragen

(Lösungen siehe Seite 96)

1. In welcher Form können Atemgifte auftreten?

a) Verbrennungsprodukte wie Brandrauch oder Brandgase
b) Chemische Reaktionen im Körper des Menschen
c) Dämpfe auslaufender oder verdampfender Flüssigkeiten
d) Duftstoffe von Pflanzen

2. Welche Wirkungen können Atemgifte auf den ungeschützten Körper des Menschen haben?

a) erstickende Wirkung
b) benebelnde Wirkung
c) Reiz- und Ätzwirkung
d) Wirkung auf Blut, Nerven und Zellen
e) aufregende Wirkung

3. Was bedeutet der Begriff „Latenzzeit“?

a) Die Zeit zwischen dem Entstehen eines Atemgiftes und der Aufnahme in den Körper des Menschen
b) Die Zeit zwischen der Aufnahme eines Atemgiftes in den Körper des Menschen und dem Erkennen einer Schädigung
c) Die Zeit zwischen der Aufnahme eines Atemgiftes in den Körper des Menschen und dem Wirksamwerden des Atemgiftes

4. Welche Aussagen sind richtig?

a) Stickstoff ist ein Atemgift mit erstickender Wirkung.
b) Kohlendioxid ist ein Atemgift mit Reiz- und Ätzwirkung.
c) Chlor ist ein Atemgift mit Reiz- und Ätzwirkung.
d) Alkohol ist ein Atemgift mit Wirkung auf Blut, Nerven und Zellen.
e) Kohlenmonoxid ist ein Atemgift mit erstickender Wirkung.

7 Atemschutzgeräte

Atemschutzgeräte ermöglichen den Einsatz der Feuerwehr auch beim Vorhandensein von Atemgiften und/oder Sauerstoffmangel. Sie befreien die eingeatmete Umgebungsluft von Schadstoffen oder führen dem Geräteträger geeignete Atemluft zu.

7.1 Einteilung

Die Atemschutzgeräte werden nach ihrer Bauart gemäß DIN EN 133 eingeteilt. Von der Feuerwehr werden vorwiegend die in der folgenden Übersicht grün markierten und in bestimmten Einsatzfällen die gelb markierten Atemschutzgeräte-Arten verwendet.

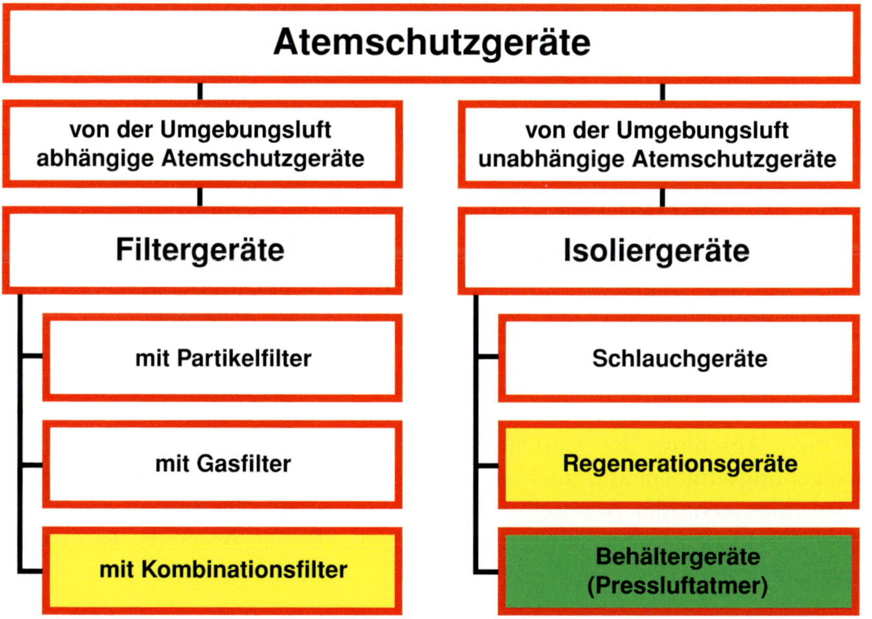

Abbildung 5: Einteilung der Atemschutzgeräte

Die Wirkungsweise der Atemschutzgeräte ist unterschiedlich, dies muss beim Einsatz der Geräte grundsätzlich beachtet werden.

Tabelle 9: Wirkungsweise der Atemschutzgeräte

Geräteart	Wirkungsweise
Filtergeräte	filtern Schadstoffe aus der eingeatmeten Umgebungsluft
Schlauchgeräte	führen den Atemschutzgeräteträgern geeignete Atemluft über spezielle Schläuche zu
Regenerations-geräte	reinigen die Ausatemluft von Kohlendioxid und setzen der gereinigten Luft Sauerstoff zu
Behältergeräte (Pressluftatmer)	führen den Atemschutzgeräteträgern geeignete Atemluft aus Druckluftflaschen zu

Von der Feuerwehr dürfen nur Atemschutzgeräte verwendet werden, die geprüft und amtlich zugelassen sind. Atemschutzgeräte bestehen aus dem Atemanschluss (Atemschutzmaske) und dem eigentlichen Schutzgerät.

7.2 Atemanschluss (Vollmaske)

Bestandteil eines jeden Atemschutzgerätes ist der Atemanschluss, der das Gerät mit den Atemorganen des Geräteträgers verbindet. Bei der Feuerwehr werden grundsätzlich Vollmasken als Atemanschluss verwendet.

Eine Vollmaske ist ein Atemanschluss, der Augen, Nase, Mund und Kinn des Atemschutzgeräteträgers bedeckt. Vollmasken sichern einen angemessenen dichten Abschluss des Gesichtes des Atemschutzgeräteträgers gegen die Umgebungsatmosphäre, auch wenn die Haut feucht ist, der Kopf bewegt wird oder wenn der Atemschutzgeräteträger spricht. Sie müssen der Norm DIN EN 136 entsprechen, geprüft und für den Einsatzzweck der Feuerwehr zugelassen sein.

7.2.1 Bestandteile und Funktion

Die Vollmaske besteht aus einem **Maskenkörper** aus Gummi, mit einem Dichtrahmen, der an Stirn, Wange und Kinn des Atemschutzgeräteträgers dicht anliegen soll. Im Maskenkörper ist eine **Sichtscheibe** eingebaut.

Am Maskenkörper ist eine **Kopfbänderung** mit Stirn-, Schläfen- und Nackenband und einem **Trageband** angebracht. Die Bänder sind stufenlos einstellbar und ermöglichen so den notwendigen Halt der Maske am Gesicht des Atemschutzgeräteträgers.

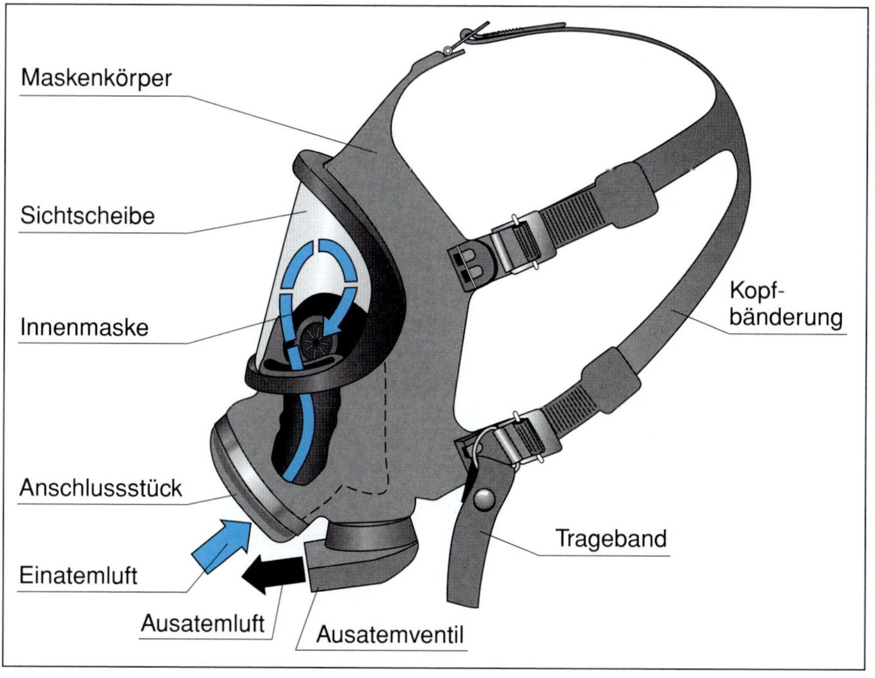

Abbildung 6: Bestandteile einer Vollmaske (Quelle: MSA AUER, Berlin)

Am **Anschlussstück** kann ein Filter, ein Lungenautomat oder ein Atemluftschlauch befestigt werden. In dem Anschlussstück befinden sich das Einatemventil, das beim Einatmen selbstständig öffnet sowie die Sprechmembran für die sprachliche Verständigung. Um beim Einsatz der verschiedenen Arten der Atemschutzgeräte Verwechslungen zu vermeiden, sind die Anschlussstücke mit unterschiedlichen Gewindeanschlüssen – Rundgewinde für Normaldruckgeräte oder M 45x3-Gewinde für Überdruckgeräte – oder einem Steckanschluss versehen.

Unterhalb des Anschlussstückes befindet sich an der tiefsten Stelle der Vollmaske das **Ausatemventil**, das beim Ausatmen selbstständig öffnet und beim Einatmen schließt. Die Ausatemluft wird dabei über das Ausatemventil direkt nach draußen in die Umgebungsluft abgeführt.

Die austauschbare **Innenmaske** mit den Steuerventilen umschließt den Mund und die Nase des Atemschutzgeräteträgers. Beim Einatmen wird die Luft zuerst entlang der Innenseite der Sichtscheibe geführt und gelangt dann durch die Steuerventile in die Innenmaske. Dadurch wird ein Beschlagen der Innenseite der Sichtscheibe verhindert.

7.2.2 Zuordnung

Vollmasken können dem Atemschutzgeräteträger persönlich zugeteilt und/ oder Bestandteil der Fahrzeugbeladung sein. Soweit die Vollmaske zur persönlichen Ausrüstung gehört, ist die Zuordnung zum Atemschutzgeräteträger in geeigneter Weise kenntlich zu machen. Den Atemschutzgeräteträgern, die eine Maskenbrille benötigen, muss eine geeignete Maskenbrille persönlich zugeteilt werden. Diese wird in die persönlich zugeteilte Vollmaske eingesetzt und im Einsatz und bei Übungen getragen. Maskenbrillen mit Bebänderung, die über die Dichtlinie der Vollmaske verlaufen, sind nicht zulässig.

Für den Transport und die Aufbewahrung der Vollmasken können spezielle Tragedosen aus Metall oder Kunststoff verwendet werden.

7.2.3 Masken-Helm-Kombination

Als weiterer Atemanschluss ist bei der Feuerwehr auch die Masken-Helm-Kombination gemäß DIN 58610 zugelassen. Sie besteht aus einem Feuerwehrhelm und einer Vollmaske, die mit zwei einstellbaren oder selbsteinstellenden Verbindungselementen nachträglich am Helm befestigt wird. Ein Absetzen des Helmes zum Ablegen der Vollmaske ist somit nicht erforderlich.

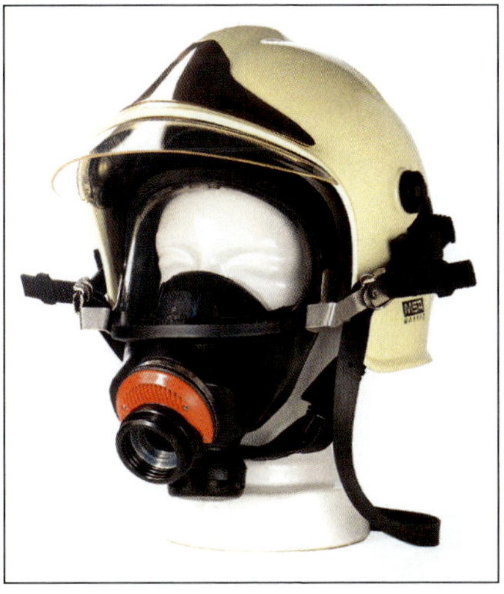

Abbildung 7: Helm-Masken-Kombination (Quelle: MSA AUER)

Um bei der Verwendung einer Masken-Helm-Kombination einen einwandfreien Dichtsitz der Vollmaske zu erreichen, muss der Atemschutzgeräteträger auf eine genaue Einstellung seines Feuerwehrhelmes achten. Ein zu lockerer Sitz des Feuerwehrhelmes kann im Atemschutzeinsatz zu ungewollten Undichtigkeiten führen.

Hinweis: Ist eine Feuerwehr mit einem bestimmten Helmsystem ausgestattet, ist aufgrund der herstellerspezifischen Verbindungssysteme die Verwendung von Vollmasken unterschiedlicher Hersteller nicht mehr möglich.

7.3 Filtergeräte

Das Filtergerät ist ein von der Umgebungsluft abhängig wirkendes Atemschutzgerät, bei dem die Luft durch einen Filter strömt, bevor sie eingeatmet wird. Es besteht aus einer Vollmaske und einem eingeschraubten Filter.

Mit diesem Filtergerät können, in vorbestimmten Grenzen, bestimmte Schadstoffe aus der eingeatmeten Luft entfernt werden. Sauerstoffmangel lässt sich mit einem solchen Filtergerät aber nicht beheben. Deshalb dürfen Filtergeräte nur dann eingesetzt werden, wenn die Umgebungsluft bestimmten Voraussetzungen entspricht (siehe Kapitel 7.3.3).

Abbildung 8: Filtergerät mit Kombinationsfilter (Quelle: MSA AUER)

Im Einsatz wird durch den Einatemvorgang des Atemschutzgeräteträgers in der Vollmaske und im angeschlossenen Filter ein Unterdruck erzeugt. Die mit Schadstoffen angereicherte Umgebungsluft strömt durch das Filter. Dort werden zunächst feste und flüssige Partikel ausgefiltert. Durch physikalische Bindung und chemische Umsetzung werden dann gas- und dampfförmige Schadstoffe aus der eingeatmeten Umgebungsluft entfernt und dem Atemschutzgeräteträger gereinigte Atemluft zugeführt.

7.3.1 Filter

Filter haben die Aufgabe, während des Einatemvorganges schädliche Stoffe zurückzuhalten und so die eingeatmete Luft zu reinigen, damit es zu keiner Beeinträchtigung der Atemorgane des Atemschutzgeräteträgers kommt und Erkrankungen verhindert werden. Filter bestehen aus einem Gehäuse aus Metall (z.B. Aluminium), Kunststoff oder Verbundmaterial mit Lufteintrittsöffnung, den durch offenporige Lochscheiben oder Siebe voneinander getrennten Filterschichten und einer Luftaustrittsöffnung mit Gewindestück zum Anschluss an die Vollmaske.

Die unterschiedliche Anwendung hat bei Filtern zu verschiedenen Filterarten mit bestimmten Leistungsmerkmalen geführt. Filter werden unterteilt in

- Partikelfilter, die unerwünschte oder schädliche Partikel aus der Umgebungsluft filtern,
- Gasfilter, die schädliche Gase oder Dämpfe aus der Umgebungsluft filtern und
- Kombinationsfilter, die aus einem Partikel- und Gasfilter bestehen.

Die **Partikelfilter** gemäß DIN EN 143 enthalten eine Filterschicht aus speziellen Faserstoffen, die feste und flüssige Partikel bis zu einer bestimmten Form und Größe vorwiegend mechanisch zurückhalten. Sie werden entsprechend ihrem unterschiedlichen Rückhaltevermögen eingeteilt und durch den Kennbuchstaben P, die Filterklasse und die Kennfarbe „weiß“ (d.h. weißer Ring auf dem Filtergehäuse) gekennzeichnet.

Tabelle 10: Filterklassen der Partikelfilter

Filterklasse	Rückhaltevermögen
P1	Partikelfilter mit geringem Rückhaltevermögen
P2	Partikelfilter mit mittlerem Rückhaltevermögen
P3	Partikelfilter mit großem Rückhaltevermögen

Die **Gasfilter** gemäß DIN EN 14387 enthalten Filterschichten aus spezieller, imprägnierter Aktivkohle, die aufgrund ihrer sehr großen Oberfläche in der Lage ist, bestimmte, in der Einatemluft enthaltene Gase oder Dämpfe zu adsorbieren („festzuhalten"). Durch die Imprägnierung werden diese zusätzlich chemisch gebunden und von der Aktivkohle aufgenommen. Gasfilter werden entsprechend ihrem unterschiedlichen Anwendungsbereich und ihrem Aufnahmevermögen in verschiedene Typen eingeteilt und durch einen Kennbuchstaben, eine Kennfarbe (d.h. farbiger Ring auf dem Filtergehäuse) und die Filterklasse gekennzeichnet.

Tabelle 11: Beispiele für Filtertypen der Gasfilter

Filtertyp	Kennfarbe	Anwendungsbereich
A	braun	organische Gase und Dämpfe, wie z.B. Aceton, Benzin, Ethanol, Isopropanol, Lösemittel u. Ä.
B	grau	anorganische Gase und Dämpfe, wie z.B. Cyanwasserstoff (Blausäure), Chlor u. Ä.
E	gelb	saure Gase und Dämpfe, wie z.B. Salzsäure, Schwefeldioxid, Essigsäure u. Ä.
K	grün	Ammoniak
CO	schwarz	Kohlenmonoxid
AX	braun	bestimmte organische Gase und Dämpfe mit einem Siedepunkt $\leq 65\ ^\circ C$
SX	violett	speziell genannte Gase und Dämpfe

Tabelle 12: Filterklassen der Gasfilter

Filterklasse	Aufnahmevermögen
1	Gasfilter mit geringem Aufnahmevermögen
2	Gasfilter mit mittlerem Aufnahmevermögen
3	Gasfilter mit großem Aufnahmevermögen

Die **Kombinationsfilter** gemäß DIN EN 14387 bestehen aus einem Partikelfilter- und einem Gasfilterteil. Dabei ist das Partikelfilterteil in Strömungsrichtung vor dem Gasfilterteil angeordnet. Für Kombinationsfilter gelten die Kennzeichnungen für die Filtertypen und -klassen der jeweiligen Filterkombination.

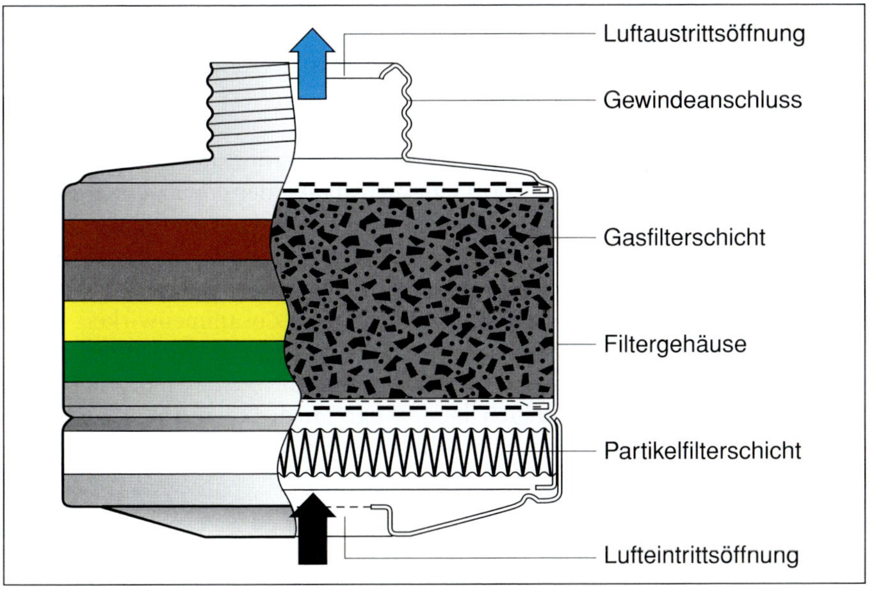

Abbildung 9: Kombinationsfilter

Bei Feuerwehreinsätzen werden grundsätzlich Kombinationsfilter des Gasfiltertyps A B E K, der Gasfilterklasse 2 und der Partikelfilterklasse P3 verwendet. Die Bezeichnung dieses Filters lautet:

- **Kombinationsfilter DIN EN 14387 – A2 B2 E2 K2 P3**

Für Sondereinsätze im Gefahrgutbereich ist die Verwendung anderer Filtertypen (z. B. gegen Stickoxide oder Quecksilber) zulässig.

7.3.2 Gebrauchsdauer der Filter

Die äußeren Bedingungen während des Einsatzes der Feuerwehr beeinflussen die Gebrauchsdauer der Filter zum Teil erheblich. Zu diesen äußeren Bedingungen gehören

- die Art und Konzentration der Atemgifte,
- die Feuchtigkeit und Temperatur der Umgebungsluft und
- der Luftbedarf des Atemschutzgeräteträgers in Abhängigkeit von der durchzuführenden Einsatztätigkeit.

Richtwerte für die Gebrauchsdauer eines Kombinationsfilters können deshalb nicht gegeben werden. Die Gebrauchsdauer der Partikelfilterschicht wird durch die Art, Größe und Konzentration der Partikel in der Umgebungsluft beeinflusst. Sie wirkt sich auf den auftretenden Atemwiderstand aus. Die Gebrauchsdauer der Gasfilterschicht ist von verschiedenen Einflussfaktoren abhängig, die in der Praxis durch das Zusammenwirken vieler Einzelfaktoren beeinflusst werden. Das Überschreiten des Aufnahmevermögens der Gasfilterschichten macht sich durch Auftreten von Geruch, Geschmack oder Reizerscheinungen bemerkbar (auch Durchbruch genannt). Dies kann bei ungünstigen Einsatzverhältnissen schon nach wenigen Minuten der Fall sein.

Hinweis: Die Möglichkeit einer Beeinträchtigung oder Lähmung des Geruchssinns durch den Schadstoff ist bei der Gebrauchsdauer zu berücksichtigen.

Geöffnete und **unbenutzte** Filter können zu Ausbildungs- und Übungszwecken weiter verwendet werden, sofern die Übungsbedingungen dies zulassen. Geöffnete und **benutzte** Filter müssen aber, auch nach nur kurzem Einsatz, unbrauchbar gemacht und ordnungsgemäß entsorgt werden.

Die Angaben des Herstellers der Filter sind bei der Handhabung, Lagerung und Entsorgung jeweils genau zu beachten.

7.3.3 Einsatzmöglichkeiten und -grenzen der Filtergeräte

Die Benutzung der Filtergeräte ist von der Zusammensetzung der Umgebungsluft abhängig. Dabei muss beachtet werden, dass

- ausreichend Sauerstoff in der Umgebungsluft vorhanden ist,
- Art und Eigenschaften der vorhandenen Atemgifte bekannt sind,
- nur Atemgifte vorhanden sind, gegen deren Art und Konzentration der verwendete Filter schützt,
- keine starken Flocken-, Staub- oder Rußbelastungen vorliegen und
- kein Funkenflug oder offenes Feuer unmittelbar auf den Filter einwirkt.

Die Feuerwehren verwenden sie nur bei bestimmten Einsätzen, wie z.B. bei der Dekontamination im Gefahrguteinsatz.

Die Verwendung von Filtergeräten bei Wald-, Heide- oder Moorbränden, bei Rauchaufkommen im Freien oder in Randbereichen von Brandstellen ist durchaus denkbar. Der Einsatzleiter hat aber kaum die Möglichkeit, die genaue Zusammensetzung des Brandrauches und somit die Art, Eigenschaft und Konzentration der Atemgifte zu ermitteln.

Merke: Im Zweifelsfall ist deshalb immer ein von der Umgebungsluft **unabhängig** wirkendes Atemschutzgerät (z.B. ein Pressluftatmer) zu verwenden.

7.4 Schlauchgeräte

Schlauchgeräte sind Atemschutzgeräte, die unabhängig von der Umgebungsluft wirken. Die Versorgung des Atemschutzgeräteträgers mit geeigneter Atemluft erfolgt über einen Luftzuführungsschlauch. Die Schlauchgeräte bestehen aus einer Vollmaske, dem Atemschlauch mit Verbindungsstück und dem Anschluss für den Luftzuführungsschlauch.

Tabelle 13: Unterteilung der Schlauchgeräte

Art	Luftversorgung
Frischluft-Schlauchgerät	aus einem Bereich mit geeigneter Umgebungsluft
Frischluft-Druckschlauchgerät	aus einem Bereich mit geeigneter Umgebungsluft
Druckluft-Schlauchgerät	aus Druckluftflaschen oder stationären Druckluftanlagen

Bei **Frischluft-Schlauchgeräten** saugt der Geräteträger die benötigte Atemluft mit seiner Lungenkraft durch den Luftzuführungsschlauch an. Aufgrund des Einatemwiderstandes ist die Länge des Luftzuführungsschlauches bei dieser Geräteart auf maximal 20 m beschränkt. An seinem Ende befinden sich ein Partikelfilter und eine Feststellvorrichtung, die verhindert, dass der Schlauch in den Bereich mit ungeeigneter Umgebungsluft gezogen wird.

Bei **Frischluft-Druckschlauchgeräten** wird dem Geräteträger die benötigte Atemluft mit leichtem Druck über ein Hand- oder Motorgebläse zugeführt. Die Länge des Luftzuführungsschlauches ist aus technischen Gründen und aus Überwachungsgründen auf maximal 50 m begrenzt.

Bei **Druckluft-Schlauchgeräten** wird dem Geräteträger die benötigte Atemluft mit einem Druck von maximal 10 bar durch den Luftzuführungsschlauch zugeführt. Zur Druckminderung beim Einatmen wird an dem Atemanschluss ein Lungenautomat angeschlossen. Die Atemluft wird aus Druckluftflaschen oder stationären Druckluftnetzen entnommen. Die Länge des Luftzuführungsschlauches ist aus technischen Gründen und aus Überwachungsgründen ebenfalls auf maximal 50 m begrenzt.

Hinweis: Schlauchgeräte werden insbesondere bei Arbeiten in Tanks, Silos, Schächten oder ähnlichen Bereichen eingesetzt. Sie sind **nicht** für die üblichen Einsätze der Feuerwehr geeignet.

7.5 Regenerationsgeräte

Regenerationsgeräte sind Atemschutzgeräte, die unabhängig von der Umgebungsluft wirken. Die vom Atemschutzgeräteträger ausgeatmete Luft wird über einen speziellen Atemschlauch dem Gerät zugeführt, auf chemischem Wege von Kohlendioxid und Wasserdampf befreit, mit neuem Sauerstoff (aus einer Druckgasflasche oder durch chemische Reaktion freigesetzt) angereichert und über den Atemschlauch dem Atemschutzgeräteträger wieder als Einatemluft zugeführt. Die mögliche Einsatzdauer der Regenerationsgeräte liegt erheblich über derjenigen von Behältergeräten (Pressluftatmern).

Tabelle 14: Unterteilung der Regenerationsgeräte

Art	Sauerstoffbereitstellung
Regenerationsgerät mit Drucksauerstoff	durch Sauerstoff aus einer Druckgasflasche
Regenerationsgerät mit Chemikalsauerstoff	durch chemisch gebundenen Sauerstoff

Für den Einsatz der Feuerwehr können z.B. die folgenden Regenerationsgeräte verwendet werden:

- Dräger Drucksauerstoffgerät TRAMIX (Einsatzdauer ca. 2 h)
- Dräger Drucksauerstoffgerät BG 4 (Einsatzdauer ca. 4 h)
- MSA Chemikalsauerstoffgerät AIR ELITE (Einsatzdauer ca. 5 h)

Regenerationsgeräte belasten den Atemschutzgeräteträger jedoch durch ihr Gewicht, durch den Atemwiderstand und durch das besondere Atemklima, d.h. durch die Erwärmung der Einatemluft aufgrund der chemischen Reaktionen bei der Atemluftaufbereitung. Sie werden deshalb nur in besonderen Einsatzsituationen, z.B. bei langen Anmarschwegen oder in ausgedehnten Einsatzstellen als Ergänzung zum Pressluftatmer verwendet.

7.6 Behältergeräte (Pressluftatmer)

Behältergeräte mit Druckluft (Kurzbezeichnung: Pressluftatmer) sind zusammen mit einer Vollmaske Atemschutzgeräte, die unabhängig von der Umgebungsluft wirken. Die vom Atemschutzgeräteträger benötigte schadstofffreie Einatemluft wird in einer oder zwei Druckluftflaschen mitgeführt und über entsprechende technische Einrichtungen dem Geräteträger dosiert zugeführt. Pressluftatmer sind die bei der Feuerwehr am häufigsten eingesetzten Atemschutzgeräte. Sie müssen gemäß DIN EN 137 genormt und für den Einsatz der Feuerwehr zugelassen sein.

Es wird zwischen Pressluftatmern in Form von Normaldruck- und Überdruckgeräten unterschieden.

Abbildung 10: Mit Pressluftatmern ausgerüsteter Einsatztrupp
(Quelle: M. Köppelmann, Paderborn)

7.6.1 Bestandteile und Funktion

Ein Pressluftatmer ist ein auf dem Rücken tragbares Atemschutzgerät, das dem Atemschutzgeräteträger geeignete Atemluft aus einer oder mehreren Druckluftflasche(n) zuführt. Die benötigte Einatemluft wird aus der Druckluftflasche über einen Druckminderer und einen atemgesteuerten Lungenautomaten, der mit der Vollmaske verbunden ist, entnommen. Die Ausatemluft wird über ein Ventil in der Vollmaske in die Umgebungsluft abgegeben.

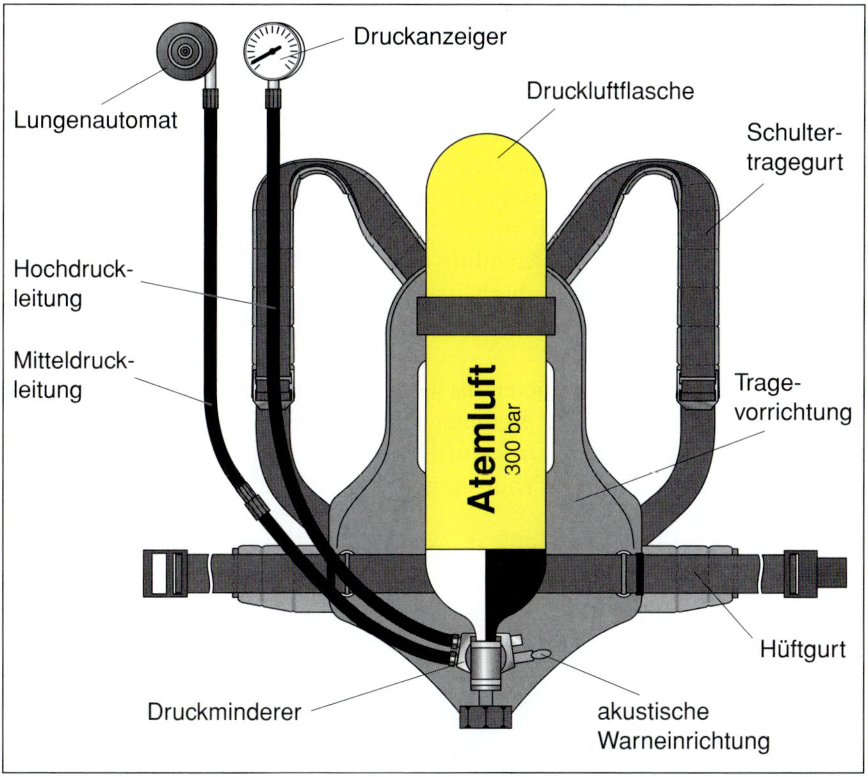

Abbildung 11: Bestandteile eines Pressluftatmers (Quelle: MSA AUER, Berlin)

Die **Tragevorrichtung** besteht aus einer körpergerecht angepassten Rückenplatte aus Kunststoff und sorgt dafür, dass der Pressluftatmer unter allen Einsatzbedingungen bequem und sicher auf dem Rücken des Atemschutzgeräteträgers getragen werden kann. Sie nimmt die Druckluftflasche(n), den Druckminderer und die Begurtung auf. Gleichzeitig schützt die Tragevorrichtung vor Kälteeinwirkung im Rückenbereich des Geräteträgers.

Die verstellbare **Begurtung** mit dem Schultertragegurt und dem Hüftgurt ermöglicht das bequeme und sichere Tragen des Pressluftatmers auf dem Rücken des Geräteträgers. Zur Verbesserung des Tragekomforts sind die Gurte oftmals gepolstert und umkleidet.

Der **Druckminderer** mit federbelastetem Sicherheitsventil ist am unteren Ende der Tragevorrichtung befestigt. Er hat die Aufgabe, den Druck der angeschlossenen Druckluftflasche(n) von 200 bar bzw. 300 bar auf einen gleichbleibenden Mitteldruck von ca. 2 bar bis 10 bar herabzusetzen. Vom Druckminderer gelangt die Atemluft durch die flexible **Mitteldruckleitung** zum Lungenautomat. Das Sicherheitsventil hat die Aufgabe, einen unkontrollierten Druckanstieg in der Mitteldruckleitung zu verhindern.

Der **Druckanzeiger** (Manometer) ist über eine **Hochdruckleitung** mit dem Druckminderer verbunden. Es zeigt durch nachleuchtende Ziffern den jeweiligen Druck in der Druckluftflasche an und ermöglicht so dem Atemschutzgeräteträger die Ermittlung und Kontrolle des Atemluftvorrates.

In die Hochdruckleitung ist eine **akustische Warneinrichtung** eingebaut, die ab einem Flaschendruck von unter 55 +/– 5 bar ein andauerndes Pfeifsignal abgibt und so den Atemschutzgeräteträger zusätzlich auf den zu Ende gehenden Atemluftvorrat aufmerksam macht.

Merke: Die akustische Warneinrichtung ist **kein** Rückzugssignal. Für den Rückweg aus der Einsatzstelle müssen die Atemschutzgeräteträger die notwendige Atemluftmenge in Abhängigkeit vom Luftverbrauch für den Hinweg und ihrer Einsatztätigkeit ermitteln.

Die **Druckluftflaschen** enthalten schadstofffreie, getrocknete Druckluft, die keine unerwünschten festen, flüssigen oder gasförmigen Stoffe enthalten darf. Der Flascheninhalt beträgt je nach Ausführung des Pressluftatmers 4 Liter, 6 Liter oder 6,8 Liter, der Nennfülldruck 200 bar oder 300 bar. Das Flaschenventil wird über ein entsprechendes Gewinde mit dem Druckminderer des Pressluftatmers verbunden.

Die Druckluftflaschen werden aus Stahl oder Verbundwerkstoffen gefertigt. Druckluftflaschen aus Verbundmaterial („Composite-Flaschen“) haben als Grundgerüst einen dünnwandigen Innenkörper aus Stahl, Aluminium oder Kunststoff („All-Composite-Flaschen“), um den zur Erzielung der notwendigen Druckfestigkeit mehrere Lagen Kohlenstoff-Fasern gewickelt werden. Der Flaschenmantel ist gelb lackiert und mit der Aufschrift „Atemluft“ gekennzeichnet. Die Flaschenschulter muss weiß/schwarz gekennzeichnet sein.

Pressluftatmer können mit zwei Druckluftflaschen (je 4 Liter, 200 bar) oder mit einer Druckluftflasche (6 Liter oder 6,8 Liter, 300 bar) ausgerüstet sein. In besonderen Fällen werden auch Pressluftatmer mit zwei Druckluftflaschen (6,8 Liter, 300 bar) eingesetzt.

Abbildung 12: Pressluftatmer mit einer Druckluftflasche (6,8 Liter, 300 bar) und mit zwei Druckluftflaschen (6,8 Liter, 300 bar)
(Quelle: MSA AUER, Berlin)

Der Inhalt einer Druckluftflasche errechnet sich nach der Formel **Fülldruck × Flaschenvolumen.** Bei Fülldrücken über 200 bar muss jedoch aufgrund besonderer physikalischer Gegebenheiten die Berechnung mit einem bestimmten Faktor nach unten berichtigt werden.

Tabelle 15: Verfügbare Druckluftmenge

Ausführung des Pressluftatmers	Druckluftmenge
mit 2 Druckluftflaschen 4,0 Liter – 200 bar	ca. 1600 Liter
mit 1 Druckluftflasche 6,0 Liter – 300 bar	ca. 1650 Liter
mit 1 Druckluftflasche 6,8 Liter – 300 bar	ca. 1870 Liter
mit 2 Druckluftflaschen 6,8 Liter – 300 bar	ca. 3740 Liter

Durch den **Lungenautomat** (atemgesteuerte Dosiereinrichtung) wird dem Atemschutzgeräteträger die jeweils benötigte Menge der Einatemluft im Rhythmus der Einatmung automatisch zugeführt. Der Lungenautomat ist über ein spezielles Gewinde, bei Normaldruckgeräten ein Rundgewinde – bei Überdruckgeräten ein Spitzgewinde, mit der Vollmaske verbunden.

Bei Pressluftatmern in **Normaldruckausführung** wird beim Einatmen durch den entstehenden Unterdruck in der angeschlossenen Vollmaske das federbelastete Kipphebelventil im Lungenautomat geöffnet, die erforderliche Einatemluft strömt in die Vollmaske. Beim Ausatmen schließt sich dieses Ventil, die Ausatemluft wird durch den entstehenden Überdruck über das Ausatemventil der Vollmaske ins Freie geführt.

Bei Pressluftatmern in **Überdruckausführung** wird durch einen speziellen Lungenautomaten fortlaufend, auch während des Einatmens, ein geringer Überdruck in der speziellen Vollmaske erzeugt. Beim Einatmen wird ein federbelastetes Kipphebelventil im Lungenautomat weiter geöffnet, die erforderliche Luft strömt in die Vollmaske. Beim Ausatmen schließt sich dieses Ventil teilweise, die Ausatemluft wird durch den entstehenden Überdruck über das federbelastete Ausatemventil der Vollmaske ins Freie geführt.

7.6.2 Einsatzmöglichkeiten und -grenzen

Da die Pressluftatmer den Einsatz der Atemschutzgeräteträger unabhängig von einer schadstoffbelasteten oder sauerstoffarmen Umgebungsluft und unabhängig vom Einsatzort ermöglichen, sind sie die von den Feuerwehren am meisten benutzten Atemschutzgeräte. Bei den Einsätzen der Feuerwehr ist meist nicht bekannt ob, in welcher Menge und in welcher Art Atemgifte vorhanden sind und wie hoch der augenblickliche Sauerstoffanteil in der Umgebungsluft ist. Deshalb sollten im Zweifelsfall immer Pressluftatmer eingesetzt werden. Dies gilt insbesondere bei Bränden **in** baulichen Anlagen oder bei Gefahrguteinsätzen. Aber auch bei Einsätzen **im Freien**, z.B. bei einem Pkw-Brand, bei starker Rauchentwicklung o.Ä., sollten möglichst immer Pressluftatmer verwendet werden.

Abbildung 13: Brandbekämpfung unter Atemschutz bei einem Pkw-Brand
(Quelle: DVW Dietrich + Vonhof, Wuppertal)

Beim Einsatz der Pressluftatmer ist die Belastung des Atemschutzgeräteträgers durch das Gewicht des Gerätes (einsatzbereit maximal 18 kg), die eingeschränkte Sicht- und Bewegungsfreiheit und die begrenzte Einsatzdauer zu beachten.

Die mögliche Einsatzdauer des Pressluftatmers ergibt sich aus

- der Anzahl und Größe der Druckluftflaschen,
- dem Fülldruck der Druckluftflaschen und
- der Art und dem Umfang der körperlichen Belastung des Geräteträgers.

Bei einem Atemluftvorrat von ca. 1.650 Liter (Pressluftatmer 6 Liter/300 bar) und einem Luftverbrauch von ca. 35 bis 50 l/min (mittlere bis schwere Arbeit) ist eine Einsatzdauer von insgesamt ca. 30 bis 45 Minuten möglich. In dieser Zeit muss ein Atemschutztrupp die eigentliche Schadenstelle erreichen, seine Einsatztätigkeiten durchführen und sicher den Gefahrenbereich wieder verlassen. Deshalb sind eine genaue Planung des Einsatzes und eine fortlaufende Überwachung des Luftvorrates notwendig.

Für den sicheren Einsatz der Pressluftatmer ist weiterhin ein einwandfreier Dichtsitz des Atemanschlusses notwendig. Undichtigkeiten können durch unsachgemäßes Anlegen des Atemanschlusses und in besonderen Einsatzsituationen auch durch mechanische Einwirkungen auf die Vollmaske oder den Feuerwehrhelm entstehen.

Bei Pressluftatmern in Überdruckausführung wird fortlaufend ein geringer Überdruck in der Vollmaske erzeugt. Dadurch wird bei nicht einwandfrei dicht anliegenden Vollmasken das Eindringen von schadstoffhaltiger Umgebungsluft in die Maske verhindert. Es kann so nur eine nach außen gerichtete Leckage auftreten – bei der dann aber eine geringe Atemluftmenge nach außen strömt und verloren geht.

7.7 Selbstkontrolle und Testfragen

(Lösungen siehe Seite 96)

1. In welche Bauarten werden Atemschutzgeräte der Feuerwehr gemäß DIN EN 133 eingeteilt?

a) Filtergeräte
b) Schlauchgeräte
c) Fluchtgeräte
d) Behältergeräte

2. Welche Wirkungsweisen können Atemschutzgeräte haben?

a) Sie filtern Schadstoffe aus der eingeatmeten Umgebungsluft.
b) Sie wandeln Atemgifte in unbedenkliche Stoffe um.
c) Sie führen den Geräteträgern Atemluft aus Druckluftbehältern zu.
d) Sie schützen Atemgifte vor der unkontrollierten Ausbreitung.

3. Welche Atemanschlüsse werden bei der Feuerwehr grundsätzlich verwendet?

a) Halbmasken
b) Vollmasken
c) Mundstückgarnituren
d) Masken-Helm-Kombinationen

4. Welche Aussagen über das Filtergerät sind richtig?

a) Filtergeräte bestehen aus einem Atemanschluss und einem eingeschraubten Filter.
b) Filtergeräte sind von der Umgebungsluft unabhängig.
c) Filtergeräte entfernen, in gewissen Grenzen, bestimmte Schadstoffe aus der eingeatmeten Umgebungsluft.
d) Filtergeräte sind unbegrenzt einsetzbar.

5. Welche Filterart wird bei den üblichen Feuerwehreinsätzen grundsätzlich verwendet?

a) Partikelfilter
b) Gasfilter
c) Kombinationsfilter
d) Mehrbereichsfilter

6. Welche Aussagen über den Pressluftatmer sind richtig?

a) Pressluftatmer sind von der Umgebungsluft unabhängig.
b) Pressluftatmer werden in Normaldruck- und Überdruckausführung unterschieden.
c) Pressluftatmer führen dem Geräteträger Sauerstoff aus Druckbehältern zu.
d) Pressluftatmer führen dem Geräteträger geeignete Atemluft aus Druckluftflaschen zu.

7. Welche Druckluftmenge steht dem Geräteträger bei der Verwendung eines Pressluftatmers mit einer 6-Liter-Druckluftflasche und einem Fülldruck von 300 bar zur Verfügung?

a) ca. 1.600 Liter
b) ca. 1.800 Liter
c) ca. 1.650 Liter
d) ca. 1.870 Liter

8. Wovon ist die mögliche Einsatzdauer eines Pressluftatmers abhängig?

a) Von der Anzahl und Größe der Druckluftflaschen
b) Vom Fülldruck der Druckluftflaschen
c) Von der Höhe des Einsatzortes
d) Von der Art und dem Umfang der körperlichen Belastung des Atemschutzgeräteträgers

8 Handhabung der Atemschutzgeräte

Die richtige Handhabung der Atemschutzgeräte ist für die Sicherheit des Atemschutzgeräteträgers und die sachgerechte Einsatzdurchführung von besonderer Bedeutung. Deshalb ist die Handhabung regelmäßig und gewissenhaft zu üben, damit die notwendigen Handgriffe auch unter besonderen Einsatzbedingungen immer schnell und sicher durchgeführt werden können. Die Gebrauchsanleitungen der Hersteller sind dabei zu beachten.

Merke: Es gilt der allgemeine Grundsatz, dass jeder Atemschutzgeräteträger für seine Sicherheit eigenverantwortlich ist!

8.1 Vollmaske

Für das Aufsetzen einer Vollmaske ist folgender Ablauf zu beachten:

- Feuerwehrhelm abnehmen
- Vollmaske mit dem Trageband umhängen
- Kopfbänderung mit beiden Händen von oben greifen, auseinanderhalten und Vollmaske vor das Gesicht bringen, Kinn in die Kinntasche legen
- Kopfbänderung über den Kopf nach hinten streifen, glatt legen, Sitz vervollständigen
- Dichtrahmen zurecht schieben und an das Gesicht drücken, auf richtigen Sitz der Innenmaske achten
- Nacken- und Schläfenbänder und dann Stirnband gleichmäßig anziehen

Die Vollmaske sitzt richtig, wenn

- der Dichtrahmen an Stirn, Schläfen, Wangen und Kinn dicht anliegt und
- die Kopfbänderung straff den Kopf umspannt, wobei die Bänderung so einzustellen ist, dass sie unter dem Feuerwehrhelm auch bei längerem Gebrauch keinen lästigen Druck ausübt.

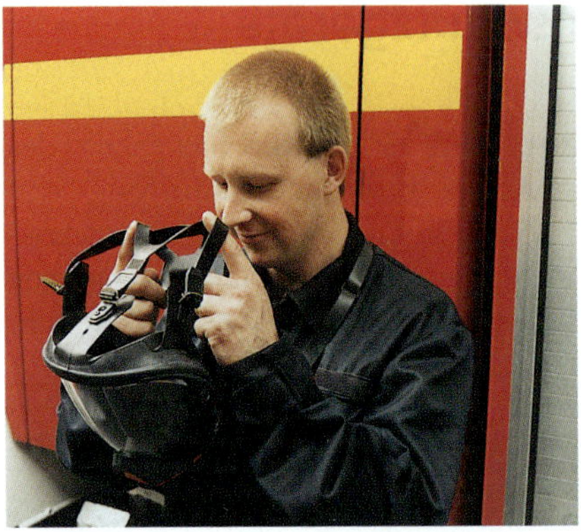

Abbildung 14: Kopfbänderung über den Kopf streifen

Abbildung 15: Kopfbänderung festziehen

Abbildung 16: Maskendichtprobe durchführen

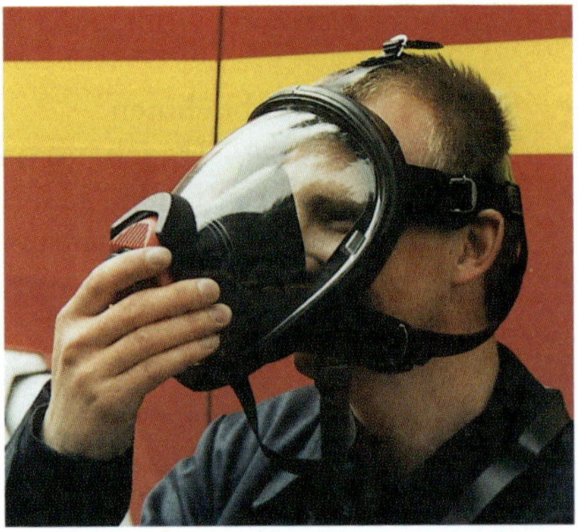

Abbildung 17: Maske über den Kopf nach hinten abziehen

Anschließend wird der Feuerwehrhelm wieder aufgesetzt und eine Dichtprobe durchgeführt. Dabei wird das Einatemventil im Anschlussstück mit dem Handballen verschlossen und eingeatmet. Die Maske muss sich an das Gesicht des Atemschutzgeräteträgers ansaugen, es darf keine Luft eindringen. Liegt die Vollmaske nicht dicht an, muss die Einstellung der Kopfbänderung (oder des Feuerwehrhelmes) überprüft und gegebenenfalls geändert werden.

Zum Absetzen der Vollmaske werden zunächst die Schnallen der Nacken- und Schläfenbänder gelöst, dann die Vollmaske am Anschlussstück gefasst und über den Kopf nach hinten abgezogen.

8.2 Masken-Helm-Kombination

Für das Aufsetzen einer Vollmaske bei der Verwendung einer Masken-Helm-Kombination ist folgender Ablauf zu beachten:

- Kinnriemen des Feuerwehrhelmes lösen
- Stirnbereich der Vollmaske unter den Helm führen, Kinn in die Kinntasche legen
- Adapter in die Adapteraufnahmen des Feuerwehrhelmes einführen und durch gleichzeitiges Ziehen spannen
- Kinnriemen des Feuerwehrhelmes unter das Kinn legen und leicht spannen

Die Masken-Helm-Kombination sitzt richtig, wenn der Dichtrahmen der Vollmaske an Stirn, Schläfen, Wangen und Kinn und der Feuerwehrhelm am Kopf dicht anliegen. Anschließend wird eine Dichtprobe durchgeführt.

Hinweis: Damit ein einwandfreier Dichtsitz der Vollmaske erreicht wird, muss der Atemschutzgeräteträger auf eine genaue, nicht zu lockere Einstellung seines Feuerwehrhelmes achten.

Zum Absetzen der Vollmaske wird der Kinnriemen des Feuerwehrhelmes geöffnet und die Adapter durch Auslösen der Verriegelungen aus der Adapteraufnahme gelöst. Danach ist der Kinnriemen des Helmes wieder festzuspannen.

8.3 Filtergeräte

Der Atemschutzgeräteträger legt sich außerhalb des Gefahrenbereiches eine Vollmaske an, setzt den Feuerwehrhelm auf und führt eine Dichtprobe der Maske durch. Danach wird die Schutzkappe von der Lufteintritts- und der Luftaustrittsöffnung des Filters entfernt und der Filter in das Gewinde des Anschlussstückes des Atemanschlusses eingeschraubt.

Aufgrund des eingeschränkten Blickfeldes des Atemschutzgeräteträgers wird der Filter durch eine andere Einsatzkraft eingeschraubt und dann durch den Atemschutzgeräteträger festgeschraubt.

8.4 Pressluftatmer

8.4.1 An- und Ablegen

Pressluftatmer werden außerhalb des Gefahrenbereiches z. B. am Feuerwehrfahrzeug oder bei Fahrzeugen mit Halterungen für Atemschutzgeräte im Mannschaftsraum während der Fahrt angelegt.

Merke: Atemschutzgeräte im Mannschaftsraum dürfen nur während verhaltener Fahrt und kurz vor der Einsatzstelle angelegt und die Gerätearretierung erst bei Stillstand des Feuerwehrfahrzeuges an der Einsatzstelle gelöst werden.

Für das Anlegen eines Pressluftatmers ist folgender Ablauf zu beachten:

- Einsatzkurzprüfung des Pressluftatmers durchführen
- Pressluftatmer mit vollständig geöffneter Begurtung schultern
- Schultergurte spannen, bis die Tragevorrichtung fest und bequem anliegt
- Hüftgurt schließen und festspannen
- Schultergurte so einstellen, dass eine geeignete Gewichtsverteilung zwischen Schulter- und Hüftgurt erreicht wird

Abbildung 18: Einsatzkurzprüfung durchführen

Abbildung 19: Schultergurte spannen

Abbildung 20: Hüftgurt schließen und spannen

Der Pressluftatmer sitzt richtig, wenn

- das Gerät auch bei schnellen Bewegungen nicht verrutscht,
- das Gerät beim weiten Vorbeugen nicht in den Nacken rutscht und
- die Bewegungsfreiheit des Kopfes nicht wesentlich eingeschränkt ist.

Danach wird die Vollmaske angelegt, der Feuerwehrhelm aufgesetzt und eine Dichtprobe der Maske durchgeführt. Nach dem vollständigen Öffnen des Flaschenventils der Druckluftflasche wird der Lungenautomat durch eine andere Einsatzkraft eingeschraubt und dann durch den Atemschutzgeräteträger selbst festgeschraubt.

Abbildung 21: Einschrauben des Lungenautomaten durch eine andere Einsatzkraft (Quelle: DVW Dietrich + Vonhof, Wuppertal)

Nach Beendigung des Einsatzes ist folgender Ablauf zu beachten:

- Lungenautomat abschrauben
- Feuerwehrhelm absetzen
- Vollmaske ablegen
- Hüftgurt öffnen und Schultergurte des Pressluftatmers lösen
- Pressluftatmer auf eine geeignete Unterlage ablegen
- Flaschenventil der Druckluftflasche schließen
- Restliche Luft aus dem Lungenautomat ausströmen lassen
- Vollmaske und Pressluftatmer der Atemschutzwerkstatt zuführen

Beim Wechseln der Druckluftflasche ist folgender Ablauf zu beachten:

- Flaschenventil der Druckluftflasche schließen
- Restliche Luft aus dem Lungenautomat ausströmen lassen
- Flaschenspannband/-befestigung öffnen
- Pressluftatmer auf den Flaschenboden stellen, evtl. Rüttelsicherung und die Verschraubung zum Druckminderer lösen
- Druckluftflasche tauschen

Atemschutzgeräte einschließlich der Vollmasken sind nach dem Einsatz durch den Atemschutzgerätewart zu reinigen und zu desinfizieren. Die Einsatzbereitschaft ist wiederherzustellen sowie Prüfungen mit Mess- und Prüfgeräten durchzuführen. Diese Arbeiten sind entsprechend den Gebrauchsanleitungen der Hersteller durchzuführen

Hinweis: Eine Desinfektion der Vollmaske ist nicht erforderlich, wenn sie zur persönlichen Ausrüstung des Atemschutzgeräteträgers gehört.

Atemschutzgeräte sind erst dann wieder einsatzbereit und können auf dem Feuerwehrfahrzeug verlastet werden, wenn sie durch den Atemschutzgerätewart abschließend geprüft worden sind.

8.4.2 Einsatzkurzprüfung

Die einwandfreie Funktion des Pressluftatmers muss vor dem Atemschutzeinsatz durch den Atemschutzgeräteträger und nach einem Flaschenwechsel oder bei der Wiederherstellung der Einsatzbereitschaft des Gerätes durch den Atemschutzgerätewart geprüft werden. Bei dieser **Einsatzkurzprüfung** werden der Flaschendruck, die Dichtigkeit des Gerätes und das Ansprechen der akustischen Warneinrichtung überprüft.

Die Einsatzkurzprüfung eines Pressluftatmers in Normaldruckausführung mit einer Druckluftflasche wird wie folgt durchgeführt:

- Flaschenventil der Druckluftflasche öffnen (mind. 2–3 Umdrehungen)
- Druck in der Druckluftflasche am Druckanzeiger ablesen
- Flaschenventil wieder schließen
- Eine Minute lang Druckabfall am Druckanzeiger überprüfen
- Druckknopf am Lungenautomat betätigen und so den Druck langsam ablassen
- Ansprechen des akustischen Warnsignals überprüfen

Bei Pressluftatmern mit zwei Druckluftflaschen werden erst der Druck der einen Flasche und dann der Druck der zweiten Flasche geprüft. Bei Pressluftatmern in Überdruckausführung ist der Lungenautomat zunächst in Bereitschaftsstellung. Zum Überprüfen des Warnsignals wird der Umschalter im Lungenautomat langsam betätigt.

Der Pressluftatmer darf nur eingesetzt werden, wenn folgende Bedingungen eingehalten werden:

- Zeiger des Druckanzeigers steigt zügig an.
- Mindestens 90 % des Nennfülldruckes der Druckluftflasche ist vorhanden.
- Zeiger des Druckanzeigers fällt innerhalb einer Minute nicht sichtbar ab.
- Warnsignal spricht bei einem Druck von unter 55 +/– 5 bar an.

8.5 Selbstkontrolle und Testfragen

(Lösungen siehe Seite 96)

1. Wie wird eine Dichtprobe der Atemschutzmaske durchgeführt?

a) Feuerwehrhelm aufsetzen – Einatemventil im Anschlussstück mit Handballen verschließen – ausatmen
b) Feuerwehrhelm aufsetzen – Einatemventil im Anschlussstück mit Handballen verschließen – einatmen
c) Feuerwehrhelm absetzen – Einatemventil im Anschlussstück mit Handballen verschließen – einatmen
d) Feuerwehrhelm aufsetzen – Ausatemventil im Anschlussstück mit Handballen verschließen – ausatmen

2. Welche Aussage über die Dichtprobe der Atemschutzmaske ist richtig?

a) Die Dichtprobe wird vom Atemschutzgerätewart durchgeführt.
b) Die Dichtprobe wird vom Atemschutzgeräteträger durchgeführt.
c) Die Dichtprobe wird vom Einsatzleiter durchgeführt.
d) Die Dichtprobe entfällt bei der Verwendung von Pressluftatmern in Überdruckausführung.

3. Welche Bedingungen sind bei der Einsatzkurzprüfung eines Pressluftatmers zu überprüfen?

a) Zeiger des Druckanzeigers steigt zügig an.
b) Zeiger des Druckanzeigers fällt zügig ab.
c) Mindestens 90 % des Nennfülldruckes der Druckluftflasche vorhanden
d) Mindestens $^2/_3$ des Nennfülldruckes der Druckluftflasche vorhanden
e) Warnsignal spricht bei einem Druck von unter 55 +/– 5 bar an.
f) Warnsignal spricht bei einem Druck von über 300 +/– 5 bar an.

9 Einsatzgrundsätze

Jeder Fehler bei der Handhabung der Atemschutzgeräte und beim Vorgehen der Einsatzkräfte kann zu erheblichen Gesundheitsschäden für die Atemschutzgeräteträger, bis hin zum Tode, führen. Damit aber beim Einsatz der Atemschutzgeräte der Einsatzerfolg ohne Gefährdung gesichert bleibt, ist eine Reihe von grundsätzlichen Verhaltensmaßnahmen zu beachten.

Merke: Beim Einsatz von Atemschutzgeräten müssen unbedingt die Grundsätze der Unfallverhütungsvorschrift „Feuerwehr" und der Feuerwehr-Dienstvorschrift FwDV 7 „Atemschutz" in der jeweils gültigen Fassung beachtet werden.

Sind bei der vorliegenden Einsatzlage radioaktive, biologische oder chemische Stoffe und Materialien beteiligt, müssen zusätzlich die Grundsätze der Feuerwehr-Dienstvorschrift FwDV 500 „Einheiten im ABC-Einsatz" beachtet und gegebenenfalls geeignete Atemschutzgeräte getragen werden. In Abhängigkeit von der jeweiligen Lage kann der Einsatz von Filter- oder Isoliergeräten erforderlich sein.

9.1 Voraussetzungen für den Einsatz

Unter Atemschutz dürfen nur Atemschutzgeräteträger eingesetzt werden, die zum Zeitpunkt der Übung oder des Einsatzes gesund und ausgeruht sind. Fühlt sich die Einsatzkraft nicht in der Lage ein Atemschutzgerät zu tragen, muss sie dies der zuständigen Führungskraft mitteilen.

Von besonderer Bedeutung für den jeweiligen Atemschutzeinsatz ist die Auswahl der richtigen Geräteart. Der Einsatz der Atemschutzgeräte wird je nach Lage unter ausdrücklicher Benennung der Geräteart (z. B.: „ ... unter PA vor!") von der jeweils verantwortlichen Führungskraft **befohlen**. Innerhalb eines Trupps sind gleiche Atemschutzgeräte zu verwenden.

Zum Schutz vor den Gefahren des Feuerwehrdienstes müssen bestimmte persönliche Schutzausrüstungen zur Verfügung gestellt werden. Bei besonderen Gefahren müssen spezielle persönliche Schutzausrüstungen vorhanden sein, die in Art und Anzahl auf diese Gefahren abgestimmt sind. Für den Einsatz unter Atemschutz (Innenangriff) ist die Verwendung der nachfolgend aufgeführten persönlichen Schutzausrüstung erforderlich:

- Schutzkleidung für die Brandbekämpfung (Überjacke und Überhose)
- Schuhe für die Feuerwehr (z.B. Feuerwehrschutzstiefel)
- Feuerwehrschutzhandschuhe
- Feuerwehrhelm für die Brandbekämpfung, mit Nackenschutz
- Feuerschutzhaube für die Feuerwehr

Zusätzlich sind folgende Ausrüstungen erforderlich:

- Pressluftatmer mit Vollmaske
- Notsignalgeber
- mindestens ein Handsprechfunkgerät je Trupp
- mindestens ein Beleuchtungsgerät pro Trupp

Darüber hinaus können u.a. folgende Ausrüstungen mitgeführt werden:

- Feuerwehr-Haltegurt mit Feuerwehrbeil und Schutztasche
- Feuerwehrleine mit Feuerwehrleinenbeutel
- Feuerwehraxt oder vergleichbares Brechwerkzeug
- Einhandmesser oder -schere
- Holzkeile, Kennzeichnungsbänder, Kreide, Fettstift o. Ä.
- Wärmebildkamera
- Ausrüstungen für den Atemschutz-Notfall

Je nach Lage kann der Einheitsführer Abweichungen von der vorgegebenen Ausrüstung befehlen. Dies bezieht sich auch auf zusätzlich mitzuführende Ausrüstungen.

Merke: Jeder Atemschutzgeräteträger ist für seine Sicherheit zunächst eigenverantwortlich.

Die Atemschutzgeräte sind **außerhalb des Gefahrenbereiches** an- und abzulegen. Die Atemschutzgeräteträger helfen einander, insbesondere beim Anschließen des Filters oder des Lungenautomaten an der Vollmaske, und kontrollieren gegenseitig den einwandfreien Sitz der gesamten Ausrüstung.

Vor einem Einsatz mit Pressluftatmern hat jeder Atemschutzgeräteträger durch eine **Einsatzkurzprüfung** den Druck in der Druckluftflasche, die Dichtigkeit des Gerätes und das Ansprechen der akustischen Warneinrichtung zu prüfen sowie eine **Maskendichtprobe** durchzuführen. Danach kann sich der Trupp entsprechend der Anweisungen der jeweiligen Führungskraft vollständig ausrüsten und einsatzbereit melden.

Dauert der Einsatz voraussichtlich längere Zeit, sind rechtzeitig weitere Atemschutzgeräteträger bereitzustellen. Wenn in besonderen Fällen die gleichen Atemschutzgeräteträger mehrmals eingesetzt werden müssen, sind für sie angemessene Ruhepausen zwischen den Einsätzen einzulegen.

Der bei Atemschutzeinsätzen aufgrund der körperlichen Anstrengungen auftretende Flüssigkeitsverlust der Atemschutzgeräteträger ist durch geeignete Getränke auszugleichen. Bei deren Einnahme sind die Anforderungen der Einsatzhygiene zu beachten.

9.2 Verhalten während des Einsatzes

In der Feuerwehr-Dienstvorschrift FwDV 7 „Atemschutz“ sind genaue Vorgaben für den Einsatz von Atemschutzgeräten festgelegt. Diese sind von den Atemschutzgeräteträgern und den jeweils verantwortlichen Führungskräften zu beachten. In der FwDV 500 „Einheiten im ABC-Einsatz“ sind zusätzliche Anforderungen für den Einsatz von Atemschutzgeräten bei Einsätzen im Zusammenhang mit gefährlichen Stoffen und Gütern festgelegt.

Wenn in bestimmten Einsatzfällen Filtergeräte verwendet werden, sind die folgenden Einsatzgrundsätze zu beachten:

Tabelle 16: Grundsätze beim Einsatz von Filtergeräten

Grundsatz	Bemerkungen
Ausreichender Sauerstoff	Filtergeräte nur einsetzen, wenn ausreichend Sauerstoff in der Umgebungsluft vorhanden ist
Art und Eigenschaften der Atemgifte	Filtergeräte nicht einsetzen, wenn Art und Eigenschaften der vorhandenen Atemgifte unbekannt sind, wenn Atemgifte vorhanden sind, gegen deren Art und Konzentration der verwendete Filter nicht schützt oder wenn starke Flocken-, Staub- oder Rußbelastungen vorliegen
Einsatzgrenzen Atemfilter	Einsatzgrenzen der Filtergeräte beachten und im Zweifelsfall Isoliergeräte benutzen
Filterdurchbruch	Gas- und Kombinationsfilter nur einsetzen, wenn der Atemschutzgeräteträger Gase oder Dämpfe beim Filterdurchbruch riechen oder schmecken kann. Achtung: Geruchssinn kann durch den Schadstoff beeinträchtigt oder gelähmt werden.
Einsatzdauer	Einsatz beenden, wenn Atemwiderstand spürbar oder Geruch, Geschmack oder Reizerscheinungen wahrnehmbar sind
Funkenflug und offenes Feuer	Bei der Verwendung von Filtern beachten, dass kein Funkenflug oder offenes Feuer unmittelbar auf den Filter einwirkt (Gefahr eines Schwelbrandes im Filter!)
Weiterverwendung	Geöffnete und benutzte Filter nach dem Einsatz unbrauchbar machen und entsorgen; geöffnete und unbenutzte Filter können zu Ausbildungs- und Übungszwecken verwendet werden.

Tabelle 17: Grundsätze beim Einsatz von Pressluftatmern

Grundsatz	Bemerkungen
Anlegen der Geräte bei der Anfahrt	Werden die Pressluftatmer bereits auf der Anfahrt zur Einsatzstelle im Mannschaftsraum des Löschfahrzeuges angelegt, darf die Gerätearretierung erst beim Erreichen der Einsatzstelle und nach Stillstand des Fahrzeuges gelöst werden.
Notwendiger Druck in der Druckluftflasche	Beträgt der Fülldruck in der Druckluftflasche des Pressluftatmers weniger als 90 % des Nennfülldruckes (z. B. 270 bar statt 300 bar) ist der Pressluftatmer grundsätzlich **nicht** einsatzbereit.
Truppweise vorgehen	Es ist immer truppweise (ein Führer und mindestens ein Truppmann) vorzugehen. Der Trupp bleibt im Einsatz eine Einheit und tritt auch gemeinsam den Rückweg an. Nur in Behälter oder enge Schächte darf ein einzelner Atemschutzgeräteträger unter Beachtung zusätzlicher Sicherungsmaßnahmen einsteigen.
Einsatz überwachen	Der Truppführer hat vor und während des Einsatzes die Einsatzbereitschaft seines Trupps zu überwachen, insbesondere den Fülldruck der Geräte.
Einsatzdauer festlegen	Die Einsatzdauer eines Trupps richtet sich zwangsläufig nach dem Atemschutzgeräteträger, dessen Atemluftvorrat am ehesten verbraucht ist. Die Länge des Rückweges begrenzt die Einsatzzeit. Für den Rückweg ist die doppelte Atemluftmenge des Hinweges einzuplanen.
Rückweg sichern	Hat der vorgehende Trupp keine Schlauchleitung vorgenommen, so ist das Auffinden des Rückweges auf andere Weise zu sichern (z. B. durch Feuerwehrleine, Leinensicherungssystem).

Tabelle 17: Grundsätze beim Einsatz von Pressluftatmern (Fortsetzung)

Grundsatz	Bemerkungen
Atemschutz-überwachung	Jeder Atemschutztrupp muss grundsätzlich mit einem Handsprechfunkgerät ausgestattet sein. Nach Anschluss des Lungenautomaten, beim Erreichen des Einsatzziels und beim Antreten des Rückweges muss sich der Atemschutztrupp über Funk bei der Atemschutzüberwachung melden. Weitere Meldungen werden vom Atemschutztrupp in Abhängigkeit von der Lage abgegeben.
Sicherheitstrupp bereitstellen	Für die eingesetzten Atemschutztrupps muss mindestens ein Sicherheitstrupp mit mindestens zwei Atemschutzgeräteträgern und geeigneten Atemschutzgeräten (z. B. Langzeitgerät) bereitstehen. Je nach Risiko und Anzahl der Atemschutzgeräteträger im eingesetzten Trupp, wird die Anzahl der Atemschutzgeräteträger im Sicherungstrupp erhöht. Die Atemschutzgeräteträger des Sicherungstrupps müssen das Atemschutzgerät angelegt und die Einsatzkurzprüfung durchgeführt haben. Die Vollmaske wird angelegt oder ist griffbereit. Je nach Lage sind weitere Hilfsmittel für den sofortigen Einsatz bereitzulegen.
Anzahl der Sicherheitstrupps	Die Anzahl der bereitzustellenden Sicherheitstrupps richtet sich nach der Beurteilung der Lage durch den Einsatzleiter. Gehen Atemschutztrupps über verschiedene Angriffswege in von außen nicht einsehbare Bereiche vor (z. B. Keller, EG, 1. OG), soll für **jeden** dieser Angriffswege mindestens ein Sicherungstrupp zum sofortigen Einsatz bereitstehen.

Tabelle 17: Grundsätze beim Einsatz von Pressluftatmern (Fortsetzung)

Grundsatz	Bemerkungen
Verzicht auf Sicherheitstrupps	An Einsatzstellen, an denen eine Gefährdung der Atemschutztrupps weitgehend auszuschließen oder die Rettung der Atemschutzgeräteträger durch einen Trupp ohne Atemschutzgeräte möglich ist (z. B. Brandeinsatz im Freien), kann auf die Bereitstellung von Sicherungstrupps verzichtet werden.
Erreichbarkeit der vorgehenden Trupps	Wegen der begrenzten Reichweite von Handsprechfunkgeräten ist die Funkverbindung zu überprüfen und sicherzustellen. Gegebenenfalls muss ein Sicherungstrupp soweit vorgehen, bis die Verbindung wiederhergestellt ist. In diesem Fall ist sofort ein neuer zusätzlicher Sicherheitstrupp bereitzustellen.
Einsatz unter Chemikalienschutzanzügen	Pressluftatmer sollen unter Chemikalienschutzanzügen nur maximal 30 Minuten genutzt werden, auch wenn der Pressluftatmer eine längere Einsatzzeit zulassen würde. Der Einsatz ist so zu planen, dass für Maßnahmen der Dekontamination eine ausreichende Menge Atemluft in der Druckluftflasche des Pressluftatmers verbleibt. Die Einsatzzeit kann verlängert werden, wenn der verwendete Chemikalienschutzanzug und der vorliegende Schadstoff bei der Dekontamination einen Wechsel auf ein Filtergerät zulassen. Regenerationsgeräte dürfen aufgrund der deutlichen Erwärmung der Atemluft unter Chemikalienschutzanzügen nicht eingesetzt werden.

Abbildung 22: Sicherungstrupp in Bereitstellung
(Quelle: Freiw. Feuerwehr Osnabrück-Eversburg)

9.3 Atemschutzüberwachung

Gemäß Feuerwehr-Dienstvorschrift FwDV 7 „Atemschutz" muss grundsätzlich **bei jedem Einsatz** und **bei jeder Übung** mit Pressluftatmern (und Regenerationsgeräten) eine Atemschutzüberwachung durchgeführt werden.

Abbildung 23: Registrierung der Atemschutztrupps auf einer Atemschutz-Überwachungstafel (Quelle: M. Köppelmann, Paderborn)

Die Atemschutzüberwachung wird zur zusätzlichen Sicherheit für die eingesetzten Trupps durchgeführt. Zur Atemschutzüberwachung gehören alle Maßnahmen zur Kontrolle und zur Unterstützung der unter Atemschutz vorgehenden Trupps. Für die Atemschutzüberwachung ist die jeweilige Führungskraft (Gruppen-/Staffelführer) verantwortlich.

Die Atemschutzüberwachung wird in der Regel fahrzeugbezogen durchgeführt. Diese Aufgabe kann im Auftrag des Gruppen-/Staffelführers auch von einer anderen Einsatzkraft, z.B. vom Maschinist, vom Melder oder einem dafür eingeteilten Atemschutzüberwacher, übernommen werden.

Durch die Atemschutzüberwachung wird der jeweils verantwortliche Gruppen-/Staffelführer unterstützt, sodass er

- die jeweilige Einsatzsituation der eingesetzten Trupps kennt,
- den Flaschendruck der Atemschutzgeräte kontrollieren kann,
- die Trupps rechtzeitig an das Antreten des Rückweges erinnern kann,
- eine Notsituation gegebenenfalls rechtzeitig bemerkt oder
- in Notsituationen gezielte Rettungsmaßnahmen einleiten kann.

Damit der Gruppen-/Staffelführer seiner Aufgabe und Verantwortung gerecht werden kann, müssen ihm die erfassten Informationen der Atemschutzüberwachung jederzeit zugänglich sein.

Hinweis: Jeder Atemschutzgeräteträger ist für seine Sicherheit zunächst eigenverantwortlich. Druckkontrollen und Lagemeldungen sind selbstständig durchzuführen. Die Atemschutzüberwachung ersetzt nicht die Eigenverantwortung der Atemschutztrupps.

Die Registrierung lässt sich im einfachsten Fall auf einem Blatt Papier vornehmen und die Zeitkontrolle mit einer Armbanduhr durchführen. Um die notwendigen Daten, vor allem beim Einsatz mehrerer Atemschutztrupps, schneller und vor allem sicherer aufnehmen zu können, sind jedoch andere Lösungen erforderlich. Hierzu gehört z.B. die Verwendung von:

- Vordrucken mit Eintragungsmöglichkeiten,
- Atemschutzüberwachungstafeln mit Kurzzeitmessern und Möglichkeiten zur Dateneintragung,
- elektronischen Systemen mit weitgehend automatischer Datenerfassung.

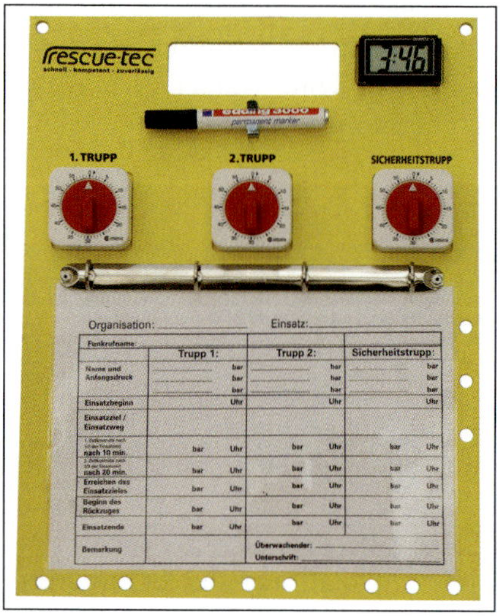

Abbildung 24: Beispiel für eine Atemschutzüberwachungstafel
(Quelle: rescue-tec)

Unabhängig vom eingesetzten System müssen zur Registrierung des Atemschutzeinsatzes und zur Kontrolle der Drücke der verbleibenden Atemluft – abgeleitet aus dem verbleibenden Druck in der Druckluftflasche des Pressluftatmers – folgende Daten erfasst werden können:

- Namen der vorgehenden Atemschutzgeräteträger (mit Funkrufnamen)
- Uhrzeit und Druck beim Anschließen des Lungenautomaten
- Einsatzauftrag, Einsatzziel, Einsatzweg
- Uhrzeit und Druck beim Erreichen des Einsatzziels
- Uhrzeit und Druck bei 1/3 und 2/3 der zu erwartenden Einsatzzeit
- Uhrzeit und Druck zum Beginn des Rückzuges
- Uhrzeit und Druck zum Einsatzende
- Bemerkungen, Vorkommnisse
- Einsatzdatum und Einsatzort
- Name und Unterschrift des Überwachers

Hinweis: Nach 1/3 und 2/3 der zu erwartenden Einsatzzeit ist durch die Atemschutzüberwachung der Atemschutztrupp auf die Beachtung der Drücke hinzuweisen.

Für die Berechnung der voraussichtlichen Einsatzzeit sind neben der eigentlichen Einsatztätigkeit des Atemschutztrupps vor allem die für den Hinweg verbrauchte Atemluftmenge und die für den Rückweg erforderliche Atemluftmenge von besonderer Bedeutung.

Der **Hinweg** ist die Strecke, die der vorgehende Trupp nach dem Anschluss des Lungenautomaten an die Vollmaske bis zu dem Ort der Einsatztätigkeit zurücklegt. Der **Rückweg** ist die Strecke, die der Atemschutztrupp vom Ort der Einsatztätigkeit bis zu dem Ort, an dem er gefahrlos das Atemschutzgerät absetzen kann, zurücklegt. Für den Rückweg ist in der Regel die doppelte Atemluftmenge einzuplanen, die für den Hinweg verbraucht wurde.

Für den persönlichen Atemschutznachweis sind der Name des Atemschutzgeräteträgers, das Einsatzdatum, der Einsatzort, die Art des Atemschutzgerätes sowie die Einsatzzeit unter Atemschutz zu registrieren.

9.4 Verhalten in Notsituationen

Gerät trotz aller Vorsicht ein Atemschutztrupp oder ein Angehöriger des Atemschutztrupps während des Einsatzes in einem Gebäude oder einer baulichen Anlage in eine gefährliche Lage, aus der er sich mit eigener Hilfe nicht befreien kann, muss er unverzüglich über Funk eine Notfallmeldung absetzen.

Diese Notfallmeldung muss mit dem Kennwort „**mayday**“ eindeutig und unverwechselbar gekennzeichnet sein. Das Kennwort muss bei allen für den Atemschutztrupp gefährlichen Situationen verwendet werden. Die Notfallmeldung ist so lange zu wiederholen, bis der in Not geratene Atemschutztrupp eine Antwort erhält.

Eine Notfallmeldung ist wie folgt abzusetzen:

Kennwort	**mayday – mayday – mayday**
Hilfe suchender Atemschutztrupp	z. B. „**Florentine 3-17**“ oder „**Angriffstrupp TLF**“
Standort	z. B. „**Kellergeschoss**“ oder „**Wohnraum rechts**“
Lage	z. B. „**Hinter uns ist die Decke eingestürzt**“
Gesprächsabschluss	**mayday – kommen !**

Darüber hinaus kann auch durch den Abbruch der Funkverbindung mit dem Atemschutztrupp, die laut Atemschutzüberwachung abgelaufene Einsatzzeit dieses Trupps oder auch von außen wahrgenommene Ereignisse wie z. B. eine schnelle Brandausbreitung oder ein Einsturz dazu führen, dass die verantwortlichen Einsatzkräfte außerhalb des Gebäudes von einer Notsituation des Atemschutztrupps ausgehen müssen.

Nach dem Erkennen einer Notfallsituation ist unverzüglich der bereitstehende Sicherheitstrupp einzusetzen, der schnellstmöglich den in Not geratenen Atemschutztrupp finden, die vorgefundene Lage bewerten und die Rettung einleiten muss. Zum Auffinden des Atemschutztrupps kann der Sicherheitstrupp der vorgenommenen Schlauchleitung des Trupps folgen bzw. direkt zum letzten laut Atemschutzüberwachung bekannten Aufenthaltsort vorgehen. Dort muss dann durch die Anwendung erlernter Suchtechniken versucht werden, den in Not geratenen Atemschutztrupp zu finden.

Das Suchen und Auffinden von in Not geratenen Atemschutzgeräteträgern ist in unübersichtlichen und zusätzlich verrauchten baulichen Anlagen oftmals besonders schwierig. Durch Notsignalgeber, die akustische und/oder optische Signale aussenden, kann der Rettungsvorgang erleichtert und beschleunigt werden. Deshalb ist im Einsatzfall die Ausstattung jedes Atemschutzgeräteträgers mit einem derartigen Notsignalgeber zu empfehlen.

Dieser Notsignalgeber kann durch den Atemschutzgeräteträger bewusst eingeschaltet werden oder er schaltet sich automatisch ein, wenn sich die Person über einen bestimmten Zeitraum nicht bewegt. Die Handhabung der Notsignalgeber richtet sich nach den Gebrauchsanleitungen der Hersteller.

Abbildung 25: Notfallsignalgeber
(Quelle: © 2010 Drägerwerk AG & Co. KGaA)

Nachdem der Atemschutztrupp vom Sicherheitstrupp aufgefunden wurde, beginnt die eigentliche Rettung mit der Phase der Lagefeststellung. Wichtiger Bestandteil ist der so genannte „Sehen-Hören-Fühlen-Check", der es dem Sicherheitstrupp, auch bei beeinträchtigen Sichtverhältnissen (Nullsicht), erlaubt, sich ein Bild von der Lage zu machen.

- Durch „**Sehen**" kann ein Überblick über die vorgefundene Notfallsituation gewonnen werden, sofern dies unter den gegebenen Sichtverhältnissen am Notfallort möglich ist.
- Durch „**Hören**" kann geprüft werden, ob die Lungenautomaten der in Not geratenen Atemschutzgeräteträger noch arbeiten und diese folglich noch atmen oder nicht.
- Durch „**Abfühlen**" der in Not geratenen Atemschutzgeräteträger kann erkannt werden, ob Verhedderungen, Einklemmungen, Verletzungen o. Ä. vorliegen, die sich auf die Rettung auswirken können und entsprechende Gegenmaßnahmen notwendig machen.

Das Ergebnis der Lagefeststellung ist zügig an die verantwortlichen Führungskräfte außerhalb des Gebäudes weiterzugeben, damit diese über die Lage im Inneren des Gebäudes im Bilde sind und entsprechende, unterstützende Maßnahmen einleiten können.

Abbildung 26: „Sehen-Hören-Fühlen-Check“
(Quelle: M. Fuchs, Chr. Reeker, Wuppertal)

Eine weitere Rettungsmaßnahme des Sicherheitstrupps kann die Sicherstellung der Atemluftversorgung für den in Not geratenen Atemschutztrupp sein, z.B. durch vom Sicherheitstrupp zusätzlich mitgeführte Pressluftatmer. Unter Zuhilfenahme entsprechender Hilfsmittel wie z.B. Bandschlingen, Tragetücher, Schleifkorbtragen oder Rettungsmulden sind die verunfallten Atemschutzgeräteträger durch den Sicherheitstrupp dann schnellstmöglich in einen sicheren Bereich zu transportieren. Für den Gebrauch dieser Hilfsmittel gilt, dass deren Gebrauch in der Ausbildung sorgfältig trainiert wurde.

9.5 Selbstkontrolle und Testfragen

(Lösungen siehe Seite 96)

1. Welche Voraussetzungen für den Einsatz von Atemschutzgeräten müssen beachtet werden?

a) Es dürfen nur ausgeruhte und gesunde Atemschutzgeräteträger eingesetzt werden.
b) Es dürfen nur erfahrene und sportlich trainierte Atemschutzgeräteträger eingesetzt werden.
c) Der Einsatz der Geräte wird unter Benennung der Geräteart von der jeweils verantwortlichen Führungskraft befohlen.
d) Die Art der Geräte wird vom Atemschutztrupp festgelegt.

2. Welche Grundsätze müssen beim Einsatz von Pressluftatmern beachtet werden?

a) Truppweise vorgehen
b) Einsatz überwachen
c) Einsatzdauer festlegen
d) Sicherungstrupp bereitstellen
e) Rückweg sichern

3. Mit welchen Schutzausrüstungen muss ein Atemschutztrupp bei einem Einsatz in einem brennenden Gebäude ausgerüstet sein?

a) Mit der persönlichen Schutzausrüstung gemäß UVV
b) Mit der persönlichen Schutzausrüstung gemäß FwDV 7
c) Mit einer Schlauchleitung und Wasser am Strahlrohr
d) Mit einem Handsprechfunkgerät
e) Mit einem Beleuchtungsgerät
f) Mit einem Sprungrettungsgerät

4. Welche Anforderungen werden an einen Sicherungstrupp gestellt?

a) Er muss aus mindestens zwei Atemschutzgeräteträgern bestehen.
b) Er muss nur im Notfall bereitstehen.
c) Er darf Strahlrohre im Außenangriff vornehmen.
d) Er muss geeignete Atemschutzgeräte einsatzbereit anlegt haben.
e) Er muss gegebenenfalls weitere Hilfsmittel (z.B. Rettungstuch) bereithalten.

5. Welche Daten müssen für die Atemschutzüberwachung erfasst werden?

a) Namen der vorgehenden Atemschutzgeräteträger
b) Dienstgrad der Atemschutzgeräteträger
c) Erreichen des Einsatzziels
d) Geplanter Einsatzbeginn
e) Beginn des Rückzuges

6. Welche Aussagen über Notfallmeldungen sind richtig?

a) Eine Notfallmeldung wird abgegeben, wenn eine zu rettende Person in einem Gebäude gefunden wird.
b) Eine Notfallmeldung wird abgegeben, wenn der Atemschutztrupp in Not gerät.
c) Das Kennwort für die Notfallmeldung lautet „Hilfe!“.
d) Das Kennwort für die Notfallmeldung lautet „mayday!“.

7. Für welchen Zweck werden Notsignalgeber verwendet?

a) Sie werden beim Ausfall der Funkgeräte für die Einsatzstellenkommunikation verwendet.
b) Sie erleichtern das Suchen und Auffinden verunfallter Atemschutzgeräteträger.
c) Sie geben im Notfall akustische und/oder optische Signale ab.

10 Atemschutznachweis

Für jeden Feuerwehrangehörigen, der zum Atemschutzgeräteträger ausgebildet wurde, muss gemäß FwDV 7 ein persönlicher Atemschutznachweis geführt werden. In diesem Nachweis sind alle Angaben über den jeweiligen Feuerwehrangehörigen, die im Zusammenhang mit dem Atemschutz bedeutsam sind, lückenlos zu dokumentieren.

Folgende Angaben sind in den persönlichen Atemschutznachweis mindestens aufzunehmen:

- arbeitsmedizinische Vorsorgeuntersuchung G 26
- alle Wiederholungsuntersuchungen
- absolvierte Ausbildung zum Atemschutzgeräteträger
- theoretische und praktische Unterweisungen über den Atemschutz
- jährliche Belastungsübungen in einer Atemschutz-Übungsanlage
- jährliche Einsatzübungen unter Atemschutz
- Einsätze unter Atemschutz mit Angaben zu
  - Datum und Einsatzort
  - Art des Atemschutzgerätes
  - Atemschutzeinsatzzeit in Minuten
  - Tätigkeit während des Einsatzes unter Atemschutz

Der Leiter der Feuerwehr oder eine von ihm beauftragte Person (z.B. Leiter des Atemschutzes o. Ä.) müssen die Richtigkeit der Angaben bestätigen.

11 Instandhaltung

Zur Sicherstellung der einwandfreien Funktion müssen Atemschutzgeräte pfleglich behandelt, sorgfältig gewartet und regelmäßig geprüft werden. Zur Instandhaltung gehört auch das Reinigen, Desinfizieren und Wiederherstellen der Einsatzbereitschaft der Geräte nach ihrem Gebrauch.

Der Atemschutzgeräteträger bzw. der Atemschutzgerätewart hat die **Atemschutzmaske** nach jedem Gebrauch sorgfältig zu reinigen. Eine Desinfektion der Maske ist immer dann erforderlich, wenn die Maske nicht zur persönlichen Ausrüstung zählt.

Die **Filter** sind bis zu ihrer Verwendung verschlossen aufzubewahren. Dies gilt auch für Filter, die in Tragebehältern mitgeführt werden. Die vom Hersteller vorgegebenen Lagerfristen sind zu beachten. Filter, die im Einsatz waren, müssen unbrauchbar gemacht und ordnungsgemäß entsorgt werden.

Die Einsatzbereitschaft der **Pressluftatmer** ist regelmäßig zu überprüfen. Hierbei ist insbesondere auf eine einwandfreie Funktion und Dichtigkeit und einen ausreichenden Atemluftvorrat zu achten. Die Druckluftflasche(n) sind auszuwechseln, wenn weniger als 90 % des Nennfülldruckes vorhanden sind. Die Ursache des Druckverlustes ist durch den Atemschutzgerätewart zu klären und zu beseitigen.

Nach festgelegten Fristen sind die Atemschutzgeräte durch einen Atemschutzgerätewart zu prüfen. Die Prüfungen sind entsprechend den Gebrauchsanleitungen der Hersteller durchzuführen. Der Atemschutzgerätewart hat darüber einen Gerätenachweis zu führen.

Hinweis: Isoliergeräte und Druckbehälter sind in den dafür vorgesehenen Halterungen im Feuerwehrfahrzeug zu transportieren. Bei sonstigen Transporten **müssen** geeignete Transportbehälter und Ladungssicherungen verwendet werden.

12 Verwendete Abkürzungen

bar	Bar (Einheit für Druck)
DIN	Deutsches Institut für Normung e.V.
DIN	Kennung für das deutsche Normenwerk
DIN EN	in das deutsche Normenwerk aufgenommene europäische Norm
EG	Erdgeschoss
G 26	Grundsatz der arbeitsmedizinischen Vorsorgeuntersuchung für Träger von Atemschutzgeräten für Arbeit und Rettung
GUV	Gesetzliche Unfallversicherung der Gemeinden
h	Stunde (Einheit für Zeit, z.B. 12 h)
L/min	Liter pro Minute (Einheit für Durchflussmenge)
o. Ä.	oder Ähnliche(s)
OG	Obergeschoss
PA	Pressluftatmer
ppm	Teile pro Millionen
u.a.	und andere(s)
u.U.	unter Umständen
vfdb	Vereinigung zur Förderung des Deutschen Brandschutzes
Vol. %	Volumenprozent
z.B.	zum Beispiel

13 Literatur- und Quellenverzeichnis

BRIEM, W.: Der Feuerwehrmann auf der Schulbank, Nr.: 21, Atemschutz im Feuerwehrdienst, 3. Auflage 1984, Verlag Jamelle, Bochum

CIMOLINO, U.: Reihe Einsatzpraxis, Atemschutz, 4. Auflage 2004, ecomed-Verlag, Landsberg

GABLER, W.: Handbuch Feuerwehr, Atemschutzgeräteträger, 2. Auflage 1997, Wenzel-Verlag, Marburg

HAMILTON, W.: Handbuch für den Feuerwehrmann, 19. Auflage 1999, Boorberg-Verlag, Stuttgart

KALLENBACH, J.: Arbeitsschutz und Unfallverhütung bei der Feuerwehr, Rotes Heft 17, Ausgabe 1993, Verlag W. Kohlhammer, Stuttgart

KLINGSOHR, K.: Atemschutz, Rotes Heft 15, Ausgabe 1991, Verlag W. Kohlhammer, Stuttgart

MÜLLER, K.: Ausbildung zum Atemschutzgeräteträger, Lehrstoffblätter für die Ausbildung der Feuerwehren in Baden-Württemberg, Stand: März 2007, Neckar-Verlag GmbH, Villingen-Schwenningen

POLTHIER, K.: Lexikon Brand- und Explosionsschutz, 4. Auflage 1990, Verlag W. Kohlhammer, Stuttgart

DIN-Normen, Bezug bei der Beuth Verlag GmbH, Burggrafenstraße 6, 10787 Berlin

Feuerwehr-Dienstvorschrift FwDV 7 „Atemschutz“, Stand 2006, Verlag W. Kohlhammer, Stuttgart

Bedienungsanleitungen der Fa. MSA AUER GmbH, Berlin

Bedienungsanleitungen der Fa. DRÄGER AG, Lübeck

„Sicherheitsaspekte von Atemschutzeinsätzen“ Beiblatt der Staatlichen Feuerwehrschule Würzburg zur „brandwacht 5/2000“

Lösungen zu Kapitel 2.4: 1. b); 2. a) und c); 3. a); 4. a) und c)

Lösungen zu Kapitel 3.3: 1. b) und d); 2. a) und d); 3. c)

Lösungen zu Kapitel 4.3: 1. a), b), d); 2. a), c) und e); 3. a) bis d)

Lösungen zu Kapitel 5.3: 1. b), d) und f); 2. a), c), e) und f); 3. a) und c)

Lösungen zu Kapitel 6.4: 1. a) und c); 2. a), c) und d); 3. b); 4. a), c) und d)

Lösungen zu Kapitel 7.7: 1. a), b) und d); 2. a) und c); 3. b) und d); 4. a) und c); 5. c); 6. a), b) und d); 7. c); 8. a), b) und d)

Lösungen zu Kapitel 8.5: 1. b); 2. b); 3. a), c) und e)

Lösungen zu Kapitel 9.5: 1. a) und c); 2. a) bis e); 3. a), c), d) und e); 4. a), d) und e); 5. a), c) und e); 6. b) und d); 7. b) und c)